LES ANIMAU

A

MÉTAMORPHOSES

PAR

M. VICTOR MEUNIER

TOURS

ALFRED MAME ET FILS, ÉDITEURS

—

M DCCC LXVII

LES ANIMAUX

A

MÉTAMORPHOSES

Pêche du corail.

ANIMAUX A MÉTAMORPHOSES

CAUSERIE PRÉLIMINAIRE

I

Les Animaux à métamorphoses.

Il y a donc, demandera-t-on, des animaux qui se métamorphosent, et des animaux qui ne se métamorphosent pas?

Oui et non, ami lecteur, et même tenez : non.

Non, il n'y a pas deux sortes d'animaux dont les uns éprouveraient des métamorphoses, tandis que les autres n'en éprouveraient pas. Tous, à part, peut-être, les derniers et les plus simples des animalcules, tous, à de certaines époques, subissent de très-grands changements de forme, et encore n'est-il pas bien sûr que ces humbles animalcules en soient exempts.

Vous ne vous attendiez pas à cette réponse ; elle semble en contradiction avec notre titre ; mais la contradiction n'est qu'apparente, le tout est de s'entendre, et dans un instant nous nous entendrons parfaitement.

Je me trompais cependant en supposant que la première question que vous m'adresseriez serait celle à laquelle je viens de répondre d'une manière si peu satisfaisante. Évidemment, la question qui s'offre tout d'abord à l'esprit est celle-ci : *Qu'est-ce qu'une métamorphose?* Je vais donc y répondre, et quand je vous aurai satisfait sur ce point, il se trouvera que j'aurai par cela même répondu à la question que je viens de laisser en suspens.

II

Quoique ce livre vous transporte dans un pays de merveilles, il vous arrivera très-souvent de vous y trouver en pays de connaissance. Ainsi, pour commencer, c'est un poulet âgé de quelques heures que je vais placer devant vous.

Couvert de duvet plutôt que de plumes, et aussi incapable de voler qu'un enfant nouveau-né l'est de marcher, mais déjà ferme sur ses petites jambes, le poulet va et vient autour de sa mère, piaulant, trottant, becquetant, cherchant sa vie.

Où était-il hier? Dans un œuf. N'ayant plus rien à y faire, et s'y trouvant à l'étroit, il a brisé à coups de bec l'enveloppe calcaire, son bec délicat étant à cet effet muni d'une petite pièce dure et cornée qui, devenue inutile après ce bris de clôture, ne tardera pas à tomber.

Ainsi, il y a quelques heures, ce poussin déjà si agile, et qui répond avec un empressement si joyeux au gloussement de sa mère l'appelant au partage de quelque mets de choix, d'un vermisseau, par exemple ; ce poussin, replié sur lui-même, de manière à occuper le plus petit espace possible, était blotti dans un œuf,

La poule et ses poussins.

où il ne parviendrait certainement pas à rentrer. Y avait-il toujours été ? Y était-il déjà au moment où l'œuf fut pondu ?

Je crois que la question n'embarrassera aucun de mes lecteurs si jeune qu'il puisse être. Car c'est comme si je demandais s'il y a des poulets dans les œufs qu'on mange : quelle question ! Eh mais, quelquefois !

1*

III

Ainsi, le célèbre voyageur Levaillant raconte qu'un jour, c'était dans le midi de l'Afrique, les Hottentots qui l'accompagnaient dans ses expéditions découvrirent un nid d'autruche. L'autruche est, comme vous le savez, la plus grande volaille qui existe aujourd'hui.

Je dis *aujourd'hui* parce qu'il y a eu un temps où l'autruche, qui a quelquefois jusqu'à deux mètres soixante de haut, n'eût paru qu'un oiseau de taille fort ordinaire. C'était à l'époque où vivaient l'épiornis, qui avait près de quatre mètres, et le dinornis, qui en avait davantage. Encore n'est-il pas bien sûr qu'il n'a pas existé d'oiseaux plus grands que ces géants! L'épiornis vivait à Madagascar, et le dinornis à la Nouvelle-Zélande; et ces deux noms tirés du grec veulent dire l'un et l'autre : *grand oiseau*.

Un jour donc Levaillant et ses compagnons de voyage découvrirent un nid d'autruche. C'était tout simplement un trou creusé en terre, peu profond et de forme circulaire. Il contenait trente-huit œufs. Or un œuf d'autruche est gros comme deux douzaines d'œufs de poule, et bien que ceux de l'épiornis soient six fois plus gros encore, il faut convenir que ces trente-huit œufs d'autruche, équivalant à plus de neuf cents œufs de poule, constituaient une fière trouvaille pour des gens affamés comme l'étaient nos voyageurs.

On se jeta donc sur le nid, on le pilla, on fit cuire les œufs, et voici comment on s'y prit. La calotte de l'œuf étant enlevée, on y introduisait un peu de graisse,

Le dinornis.

puis on l'enterrait à moitié dans les cendres brûlantes et on remuait avec une petite cuillère de bois; le produit était une espèce d'œuf brouillé. Levaillant trouva un goût exquis à celui qui lui échut. Cependant il n'en mangea pas plus de la moitié; ce qui n'étonnera personne, puisque cette moitié équivalait à une omelette de douze œufs de poule.

Or, dans le nombre de ces œufs, il s'en trouva qui contenaient de petites autruches. Vous croyez qu'on les jeta? pas du tout. A la vérité les Hottentots en retirèrent les poussins, mais ils firent une omelette du reste. « Je les examinais en les plaisantant sur ces fins ragoûts d'œufs couvés, raconte Levaillant. Je ne pouvais croire qu'ils ne fussent pas infectés. J'en voulus goûter : sans la prévention qui m'aveuglait, je ne leur aurais pas trouvé de différence avec le mien, et j'en aurais mangé tout comme eux. »

En voilà sans doute bien long pour arriver à conclure, ce que savent toutes les ménagères, qu'il y a quelquefois des poulets dans les œufs qu'on achète au marché. Quand on a fait une emplette de ce genre, on en est pour son argent. Peut-être est-ce l'effet d'un préjugé, mais chez nous on ne mange que des œufs plus ou moins frais. Or on appelle œuf frais celui qui ne contient pas l'ombre de poulet. Ainsi, il y a un moment où l'œuf de la poule ne renferme que du jaune et du blanc, et il y a un autre moment où ce même œuf renferme un poulet. N'est-ce pas bien merveilleux? et comment cela se fait-il?

IV

Cependant, il me vient un scrupule, et ceux qui ne savent pas le mot de l'énigme l'éprouveront tout comme moi.

Je viens de dire qu'un œuf frais ne contient pas l'ombre d'un poulet. Est-ce bien sûr? Il est certain qu'on n'en voit pas; mais qu'est-ce que cela prouve? Rien du tout.

Un pauvre homme privé de la vue n'a pas la moindre idée de l'admirable spectacle dont nos yeux nous font jouir. Les levers et les couchers du soleil, la ravissante parure des fleurs et des oiseaux, le vert des prairies, le bleu du ciel, en un mot, le monde magique de la lumière est pour lui comme s'il n'existait pas. Si un bruit ou une odeur n'en émane, rien ne l'avertit de la présence d'un être ou d'un objet placé hors de la portée de sa main. L'infortuné ne soupçonnerait même pas qu'il lui manque quelque chose, s'il vivait uniquement dans la société de ses semblables. « La lumière n'est pas, » dirait-il, si pour nier une chose il ne fallait en avoir l'idée.

Vous qui lisez ceci, et moi qui l'écris, nous jouissons par rapport à l'aveugle d'un bien grand privilége. Mais parce que nous sommes exempts de sa triste infirmité, sommes-nous parfaits? Hélas! les pouvoirs de nos sens sont renfermés dans des limites bien étroites. Il y a des sons, les uns si aigus, les autres si graves,

que nous ne les entendons pas, et nous sommes sous
ce rapport de véritables sourds. Il y a des odeurs que
nous ne sentons pas, des saveurs dont nous n'avons
aucune idée. Et de même il y a des choses que nous ne
voyons pas, et à l'égard de ces choses-là nous sommes
de véritables aveugles de naissance. Placé à une distance suffisante, un corps même très-gros est invisible
pour nous, et des objets innombrables sont si petits,
si petits, que même en y regardant de très-près nous
ne les apercevons pas. Au contraire, une multitude
d'êtres animés, bien inférieurs à nous sous d'autres
rapports, des quadrupèdes, des oiseaux, de chétifs
insectes entendent ces sons que nous n'entendons pas,
perçoivent ces odeurs et ces saveurs que nous ne per-
cevons pas, voient ces choses que nous ne voyons pas;
et s'ils pouvaient se comparer à nous, ils éprouveraient sans doute pour notre espèce un peu de cette pitié
que nous inspirent l'aveugle et le sourd-muet. Il faut
donc prendre bien garde de croire que ce qui échappe
à nos sens n'existe pas; et parce que nous ne voyons
pas de poulet dans l'œuf qui vient d'être pondu, ce
n'est certes pas une raison de déclarer qu'il ne s'y en
trouve pas.

V

Nous savons, en effet, que, mêlé à ce monde que
nous voyons et dont nous jouissons, un autre monde
existe, composé d'êtres de dimensions si réduites qu'il

échappe entièrement à notre vue. Je prends avec une baguette de verre, dans un vase où trempent quelques brins d'herbe, une goutte d'eau dont la limpidité est parfaite, et l'on peut défier l'homme doué des yeux les plus perçants d'y voir, en l'examinant bien, rien autre chose que les jeux de lumière qui s'opèrent gaiement dans son intérieur. Eh bien, mettons nos yeux de rechange, ces yeux puissants, qu'une grande fée, la Science, nous a donnés, et qui sont à nos yeux de tous les jours ce que les fabuleuses bottes de sept lieues du Petit Poucet sont aux chaussures ordinaires; en d'autres termes, armons-nous de verres grossissants, braquons un microscope sur cette goutte d'eau, et nous allons la voir toute peuplée d'êtres vivants et animés, aussi libres de leurs mouvements que nous le sommes des nôtres en rase campagne.

Ainsi, il y a des êtres qui ont une bouche, un estomac, un cœur, des organes de respiration et de mouvement, qui vont et qui viennent, et qui travaillent, et qui se cherchent ou qui se fuient les uns les autres; qui, comme nous, sans doute, ont leurs joies et leurs peines, et qui, par leur petitesse, échappent absolument à nos regards. Si bien que pendant tous les siècles qui ont précédé l'invention du microscope, les plus savants hommes ne se sont pas doutés que ces êtres existassent. Ne se pourrait-il donc pas qu'il y eût un poulet dans l'œuf, et que ce poulet fût si petit que nous ne le vissions pas? Cela mérite au moins d'être examiné.

Mais peut-être direz-vous : si nous ne le voyons pas avec nos yeux, nous le verrons avec le microscope ; et puisque le microscope ne nous le montre pas, c'est qu'il n'existe pas.

Non, mon cher lecteur, il en est de nos instruments comme de nos organes naturels ; les premiers ont des limites comme les seconds, et celui qui se persuaderait que nous voyons avec le microscope tout ce qu'il y a à voir commettrait une erreur aussi forte que celui qui s'imagine qu'on peut tout voir avec les yeux.

Aussi, quoique le microscope, pas plus que l'œil nu, ne nous montre de poulet dans l'œuf qui vient d'être pondu, il n'en est pas moins vrai que la plupart des savants et que les savants les plus illustres s'accordaient, il n'y a pas bien longtemps encore, à croire à l'existence de ce poulet invisible, même aux plus forts grossissements que nous connaissons. Vous savez, sans doute, que la poule couve pendant vingt-un jours ; d'après les savants dont je parle, cette longue incubation n'aurait d'autre résultat que de faire grossir ce poulet plus que microscopique, de le rendre visible, et peu à peu de lui donner enfin les dimensions qu'il a lorsqu'il éclot. Ces savants avaient-ils raison? Non. Ils se trompaient, et leur erreur n'a plus aujourd'hui un seul partisan.

VI

Prenons un œuf de poule qui vient d'être pondu ; ouvrons-le : qu'y voyons-nous? le jaune ou *vitellus*, le blanc ou *albumen*, plusieurs membranes, l'une très-fine qui enveloppe le jaune, une autre qui partage le blanc en deux parties, d'autres qui enveloppent le blanc et tapissent la coquille en dedans ; enfin cette coquille percée d'un grand nombre de petits trous et recouverte d'une sorte d'épiderme contenant la substance qui colore

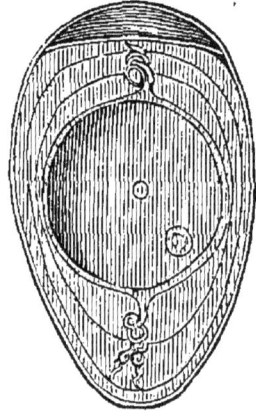

Coupe de l'œuf de poule.

la coque. Et il n'y a pas de poulet du tout.

Il n'y a pas de poulet, vous en aurez tout à l'heure la preuve, mais il y a tout ce qu'il faut pour en faire un. Le jaune et le blanc contiennent tous les principes chimiques nécessaires pour faire du sang, des os, des nerfs, le cerveau, la moelle, les poumons, le cœur, les vaisseaux, l'estomac, les intestins, les glandes, la peau, les plumes, en un mot, tout ce qui entre dans la composition d'un poulet. Et cela est si vrai, que pour produire un poulet, l'œuf pendant tout le temps que dure l'incubation n'a besoin que de deux choses : 1° de la chaleur, une chaleur de 32 à 40 degrés ; 2° de l'air.

La chaleur, c'est la poule accroupie sur ses œufs qui la donne à ceux-ci., Elle leur donne la propre chaleur de son corps, et ne leur donne que cela. La preuve, c'est qu'on peut se passer d'une poule pour mener des œufs à bien, et qu'un œuf placé dans une chambre ou dans une boîte dont la température est maintenue pendant vingt-un jours au degré convenable, donne naissance à un poulet tout aussi bien conformé que celui qui a été couvé. Aussi construit-on à l'usage des savants des appareils nommés *couveuses artificielles* qui sont des espèces de boîtes chauffées par des lampes, et qui servent à faire venir de petits poulets. Nous avons même eu à Paris des établissements d'incubation artificielle, où, dans des chambres entourées de rayons chargés d'œufs et chauffées par des calorifères, on fabriquait à la fois des centaines de poulets destinés à être élevés, engraissés, vendus au marché et mangés. Cette industrie était pratiquée en Égypte bien avant d'exister chez nous, et dans une des îles Philippines, à Luçon, on remplace, le croiriez-vous, les calorifères par des hommes qui pendant vingt-un jours restent étendus sur des paniers remplis d'œufs et convenablement disposés pour que le poids de ces pauvres diables n'en écrase pas le contenu. Ainsi vous voyez que la poule accroupie sur ses œufs ne leur fournit absolument que de la chaleur.

Quant à l'air, ou plutôt à l'oxygène (qui est un des deux gaz constitutifs de l'air), dont l'œuf a besoin, il est pris naturellement dans le grand réservoir commun, dans l'atmosphère. L'air filtre à travers les petits trous dont la coquille est criblée et s'amasse dans le plus gros bout de l'œuf [1], entre les deux membranes épaisses qui tapissent la coquille, et l'oxygène est absorbé. Car dès que l'incubation a commencé de produire ses effets, l'œuf vit, et comme tout être vivant, comme la plante et comme l'animal, il respire. L'air lui est si nécessaire, que si vous l'enduisez d'une substance qui empêche cet air de passer, d'un vernis, par exemple, vous aurez beau fournir à cet œuf la température convenable pendant tout le temps voulu, jamais vous n'aurez de poulet. Comme tout ce qui respire, l'œuf produit de l'acide carbonique qui est rejeté au dehors à travers les trous de la coque, en même temps que la vapeur d'eau, qui se produit également ; si bien, qu'à la fin de l'incubation, au vingt-unième jour, quand le poulet est terminé et quand il va naître, l'œuf pèse notablement moins qu'au moment où il a été pondu. Il a perdu alors le cinquième de son poids.

VII

Ainsi, il y a dans un œuf fraîchement pondu tout ce qu'il faut pour faire un poulet, mais il n'y a point de poulet. Cet œuf est comparable à un chantier, dans lequel on aurait réuni tous les matériaux nécessaires pour construire et pour meubler un palais : de grands

---

1 C'est ce qu'on voit dans la figure ci-dessus.

blocs de pierre de taille et de marbre pour la façade et les gros murs; de grands troncs d'arbres pour la charpente, les parquets et les boiseries; de grandes barres de fer pour la serrurerie; des moellons et de bonne terre à briques pour les murs intérieurs; du bronze pour les pendules, les candélabres et une foule d'œuvres d'art; du verre pour les glaces, les vitres et les lustres; des pièces de bois précieux pour les meubles, et des pièces d'étoffes pour les tentures. De même, comme je l'ai déjà dit, on trouve dans l'œuf tout ce qu'il faut pour faire des os, des plumes, de la chair, etc.

Mais ces pierres, ces madriers, ces métaux, ces tissus que je suppose entassés sur un chantier constituent-ils un palais? Non sans doute, pas plus que le jaune et le blanc de l'œuf de la poule ne constituent un poulet. Il n'y a encore sur le chantier que les matériaux du palais, comme il n'y a dans l'œuf que les matériaux du poulet. Et que faut-il pour que les premiers se changent en palais? Vont-ils se tailler d'eux-mêmes et s'assembler tout seuls? Certainement non. Il faudra qu'une multitude d'ouvriers leur donne une forme et leur assigne une place. Et suffit-il que ces ouvriers leur donnent une forme quelconque et qu'ils les mettent à la première place venue? Encore une fois, non; la forme à donner à chaque élément est voulue par le rôle qu'il doit remplir et la place qu'il doit occuper dans l'ensemble. Et il ne servirait à rien qu'il y eût des ouvriers si ceux-ci ne travaillaient d'après un plan arrêté d'avance.

Cela ne peut pas se passer autrement dans l'œuf. Remarquez, en effet, que d'un œuf d'oiseau, lorsque rien n'en trouble le développement, il sort toujours non-seulement un oiseau, mais tel oiseau appartenant au même ordre, à la même famille, au même genre, à la même espèce que la femelle qui l'a pondu. Il est donc évident qu'outre le jaune et le blanc, et les éléments chimiques qui les composent, il y a dans l'œuf l'équivalent de ce qu'il faut encore dans un palais quand on a le bois, la pierre, et les matériaux nécessaires : c'est-à-dire des ouvriers et un architecte; en d'autres termes : des forces spéciales travaillant d'après un plan déterminé. Nous ne jugeons de leur existence que par les effets, mais nous en jugeons avec certitude ; les effets démontreront la cause. C'est ainsi qu'à la vue d'un monument si ancien que l'origine en est inconnue, nous n'hésitons pas à affirmer que quelqu'un en a eu l'idée et que des hommes y ont travaillé.

VIII

Mais ce qui prouve sans réplique que le poulet n'existe pas plus dans l'œuf où nous n'apercevons que du jaune et du blanc, qu'il n'y a un palais dans le chantier où l'on a réuni tout ce qu'il faut pour le construire, c'est que nous voyons le poulet se former pièce à pièce dans l'œuf d'où il doit sortir. Nous assistons à sa formation aussi bien qu'à Paris, par exemple, et en ce moment, on assiste à l'édification du nouvel Opéra. Nous avons vu déblayer l'emplacement que celui-ci occupe, creuser le sol, déposer les fondements; nous avons vu l'édifice sortir lentement de terre, croître jour par jour en hauteur et prendre peu à peu dans les parties les plus avancées la forme et l'aspect qu'il est destiné à avoir. Nous le verrons s'achever. Eh bien, c'est un spectacle tout à fait semblable que l'œuf de la poule nous montre.

Comment peut-on voir ce qui se passe dans un œuf? demanderez-vous. L'œuf n'est-il pas entouré d'un mur de pierre qui empêche le regard de passer? Si on brise cette clôture, on pourra bien constater où en était le travail au moment où on l'arrête, mais ce travail s'arrêtera.

C'est vrai. Mais voici ce qu'on fait. On met en incubation à la fois un grand nombre d'œufs, et d'heure en heure, par exemple, on en ouvre un. Or, comme ces œufs proviennent tous d'une poule, comme ils ont tous été mis en incubation à la même heure, comme ils donneront tous dans le même espace de vingt et un jours le même produit, un poulet; il est clair que ce que nous voyons dans l'œuf que nous ouvrons à un moment donné est exactement ce que nous verrions dans tous les autres œufs si nous les ouvrions tous à la fois. Ainsi, au bout de la première heure, tous les œufs sont au même degré de développement que nous constatons dans l'œuf ouvert après cette première heure, et la même ressemblance existe nécessairement entre l'œuf ouvert au bout de deux, de trois, de quatre heures, etc., et ceux dont nous n'avons pas dérangé le développement. Et c'est ainsi qu'en regardant successivement dans un très-grand nombre d'œufs, nous nous procurons exactement le même spectacle que nous aurions si nous pouvions sans difficulté et sans inconvénient regarder de temps en temps dans un seul et même œuf. Et que voyons-nous en agissant ainsi? Nous voyons qu'il n'y a pas dans l'œuf, au moment de la ponte, un poulet tout formé, qui, d'abord microscopique, deviendrait visible un certain jour, puis grossirait peu à peu jusqu'à prendre les dimensions d'un poulet nouveau-né, pas plus qu'au commencement des travaux de l'Opéra il n'y a eu sur le terrain qu'occupe cet édifice un Opéra microscopique, que tout l'art des architectes, des ouvriers, aurait consisté à faire grossir comme grossit un ballon de caoutchouc qu'on emplit d'air comprimé. Non! nous voyons, au contraire, le poulet se former morceau par morceau, et sur un emplacement primitivement aussi nu que l'a été d'abord l'emplacement de l'Opéra.

Ainsi, il n'y a pas de poulet dans l'œuf fraîchement pondu, ou plutôt le poulet est dans cet œuf comme le palais est dans les matériaux qui entreront dans sa construction, dans la force musculaire, dans l'adresse et dans l'expérience des ouvriers de toutes sortes qui mettront ces matériaux en œuvre, et dans la science et le génie de l'architecte qui a conçu le plan du palais et qui dirigera les ouvriers employés à sa construction.

Ou encore le poulet est dans l'œuf, comme la statue est dans le bloc de marbre, d'où, l'ayant conçue dans sa tête, le sculpteur la tirera par le travail de ses mains.

IX

Après cela, vous croirez aisément que pendant les vingt et un jours que dure la formation d'un poulet, celui-ci subit de nombreux et grands changements de formes.

Ils sont cependant bien plus nombreux et bien plus grands que vous ne pourriez l'imaginer.

Continuant la comparaison dont je viens de me servir, vous croirez peut-être que les diverses phases par lesquelles passe un palais en construction, ou une statue qu'on est en train de tirer du bloc, donnent une idée parfaitement exacte de celles que traverse le poulet. Ce serait une grande erreur.

Dès que le bloc est dégrossi, la statue ébauchée a la forme qu'aura la statue achevée.

Dès que les fondations en sont posées, le palais en construction réalise le plan du palais construit.

Il n'en est pas du tout de même de la construction du poulet.

Si on examine un œuf avant la ponte et quand il n'est encore que ce qu'on appelle un ovule, on voit que le centre du jaune est occupé par une petite vésicule nommée *sphère germinative*. Plus tard, cette sphère quitte sa place et gagne la surface du jaune. On peut voir encore, dans un œuf cuit et coupé par le milieu, la trace du chemin qu'elle a suivi. Arrivée à la surface du jaune, elle y forme une tache ou cicatricule de 5 à 6 millimètres de diamètre. C'est dans cet espace que se formera le poulet, et du contenu de la vésicule germinative rompue se constituent trois membranes où feuillets superposés dans lesquels apparaissent successivement tous les rudiments des organes du poulet; l'un de ces feuillets fournit les systèmes nerveux et musculaire; un autre les organes de la digestion; le troisième, placé entre les précédents, fournit le système vasculaire.

Mais, qui verrait un embryon des premières heures ne se douterait certainement jamais que cela pût devenir un poulet, la forme du premier ne ressemblant nullement à celle du second.

Et ce qui est vrai du poulet tout entier l'est aussi de chacun de ses organes en particulier; aucun d'eux n'a dès le début ni la forme, ni l'arrangement, ni le degré d'importance, ni la place qu'on lui voit dans l'oiseau.

Bien plus, il y a dans l'embryon des organes qui n'existent pas dans le poulet, et par contre tels organes qui remplissent un grand rôle dans celui-ci, n'en jouent absolument aucun dans l'embryon. Par conséquent, les fonctions sont autres, s'exercent d'une autre façon dans ces deux êtres qui sont un seul être, et la même fonction est successivement remplie par des organes qui se substituent les uns aux autres.

Ainsi, pour citer quelques exemples, la moelle épinière est dans toute sa longueur d'abord divisée en deux moitiés situées l'une à droite, l'autre à gauche de la ligne sur laquelle elles se réuniront plus tard.

Ainsi, les vertèbres qui occuperont la ligne médiane, divisées en deux moitiés latérales, s'alignent sous forme de petits points opaques sur les deux côtés de la moelle.

Ainsi, le sang, qui commence par être incolore et qui a l'aspect de petites bulles savonneuses, circule dans des canaux sans parois propres avant de circuler dans de véritables vaisseaux.

Ainsi, le cœur lui-même commence par être un simple canal, et un canal droit.

Ainsi, la respiration s'opère d'abord par les vaisseaux vitellins, qui sont destinés à disparaître, ensuite par les vaisseaux d'une vésicule appelée allantoïde, qui disparaît à son tour, et enfin par les poumons, qui commencent déjà à fonctionner dans l'œuf ; et ce sont même les besoins pressants de la respiration pulmonaire qui poussent le poulet menacé d'asphyxie à rompre, quand l'heure est venue, les parois de sa prison.

On voit combien sont nombreux et importants les changements de forme, ou, comme on dit, les *métamorphoses* qui s'opèrent pendant le cours du développement du poulet.

Ils sont si profonds, et le poulet devient successivement si différent de lui-même, que sa première circulation, celle qui s'opère par les vaisseaux vitellins, n'est pas une circulation d'oiseau, et qu'il en est de même de la seconde, c'est-à-dire de celle qui s'opère par les vaisseaux de l'allantoïde.

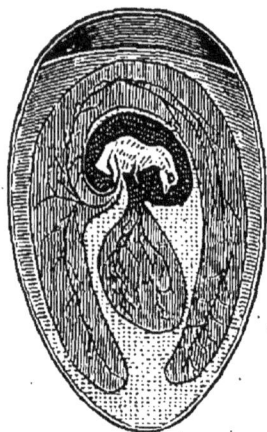

Celle-ci est une circulation de reptiles, animaux inférieurs à l'oiseau ; et la première est une circulation de poissons, animaux inférieurs non-seulement aux oiseaux, mais même aux reptiles.

Embryon de l'œuf de poule en voie de développement.

En voilà sans doute assez pour que nous soyons en droit de conclure que pendant tout le temps qu'il demeure dans l'œuf, le poulet y éprouve des métamorphoses.

X

Eh bien, ce que nous venons de dire du poulet, il faut le dire de tous les oiseaux.

Il faut le dire aussi de tous les animaux qu'on classe au-dessous des oiseaux, c'est-à-dire des reptiles, des amphibiens, des poissons, des mollusques, des animaux articulés et des zoophytes ou animaux-plantes, ainsi nommés à cause de la ressemblance de forme qu'un grand nombre d'entre eux ont avec les végétaux.

Enfin il faut le dire de tous les animaux qu'on classe

au-dessus des oiseaux, c'est-à-dire des mammifères, et il faut le dire de l'homme lui-même.

En un mot, cela est vrai de tous les êtres animés.

Tous sortent d'un œuf, et tous les œufs se ressemblent au commencement. Chacun d'eux se forme dans l'œuf d'où il sort, et il y a un moment où cet œuf ne contient aucune trace de l'animal qui en proviendra. Tous éprouvent du commencement à la fin de profondes révolutions, en un mot, tous les animaux subissent des métamorphoses.

Ainsi donc il n'y a que des animaux à métamorphoses. Mais les métamorphoses ne s'opèrent pas chez tous de la même façon, et c'est pour vous faire saisir une grande différence qui existe entre eux sous ce rapport que je vous présente maintenant un autre animal qui est également de votre connaissance.

XI

C'est un insecte, un *lépidoptère*, c'est-à-dire un papillon. C'est le *bombyx du mûrier;* vous ne connaissez que cela, et vous le reconnaîtrez dès que je vous aurai dit que c'est ce bombyx qui pond les œufs de ver à soie.

Qui n'en a élevé? Six mois après qu'il a été pondu, l'œuf donne issue à un petit animal allongé et velu, muni de huit paires de pattes, une sorte de ver, une *larve,* une *chenille,* qui se nourrit des feuilles de mûrier. Cette chenille mange si activement et profite si bien de ce qu'elle mange, que six ou sept jours après sa naissance, sa peau, devenue trop étroite, crève, et, dépouillée de son ancien vêtement, la chenille apparaît sous un vêtement nouveau; sept jours plus tard et toujours pour la même cause, l'animal fait encore peau neuve; c'est la seconde fois, et ce ne sera pas la dernière. Un troisième changement a lieu, et puis un quatrième; quelle consommation d'habits! Et ce n'est pas fini. Mais, au moment de quitter sa cinquième enveloppe, la chenille se retire dans un endroit tranquille, écarté, et d'une soie qu'elle sécrète elle-même tisse autour d'elle une tapisserie d'une forme ovoïde; vous savez son nom, c'est le *cocon*. Cela fait, la chenille rejette encore une fois sa peau, mais avec celle-ci elle a perdu son ancienne forme; c'est maintenant une petite masse allongée, ovale, plus grosse à l'une de ses extrémités qu'à l'autre, dépourvue de mouvement et de besoins, d'abord molle et transparente, qui durcit peu à peu et devient opaque, et à-la surface de laquelle se dessinent des lignes et des contours qui semblent indiquer que sous l'enveloppe se cache un animal dont la forme est tout à fait différente de celle de la chenille et de celle de la *chrysalide* elle-même, car tel est le nom qu'on donne au petit corps vivant qui remplit le cocon, et on le nomme encore *fève, aurélie, pupe* et *nymphe*. Enfin, le vingtième jour après la formation du cocon, on voit sortir de celui-ci non pas la nymphe, la nymphe s'est transformée; mais un papillon blanc à quatre ailes farineuses, une *phalène*, le *bombyx du mûrier*: c'est-à-dire un insecte en tout semblable à celui qui avait pondu

Les trois états du bombyx du mûrier.

l'œuf dont nous venons de suivre le développement.

Ainsi, ce qui sort directement de l'œuf du bombyx, ce n'est pas un bombyx, c'est une espèce de ver, le ver à soie. N'est-ce pas bien curieux, un ver sortant de l'œuf pondu par un animal qui a des ailes?

C'est à peu près comme s'il sortait de l'œuf de la poule, au lieu d'un poulet, un petit serpent qui, après avoir couru les bois pendant quelques jours, s'enfermerait de nouveau dans une sorte d'œuf, pour y reprendre la suite un moment interrompue de ses développements et y revêtir définitivement la forme de ses parents.

Les métamorphoses du bombyx ne le cèdent donc pas en importance à celles du poulet. Peut-être même les trouvera-t-on plus considérables. Elles sont seulement plus frappantes. La différence entre les unes et les autres ne consiste qu'en ceci : l'œuf de la poule ne donne issue à son contenu que lorsque le poulet est fait, tandis que l'œuf du bombyx s'ouvre longtemps avant que l'insecte dont il a protégé les premiers développements soit achevé.

Or le bombyx n'est pas seul dans ce cas. Ce qui lui arrive, arrive également à tous les papillons; et non-seulement aux papillons, mais encore aux insectes névroptères, dont les libellules ou demoiselles font partie; mais aux insectes hyménoptères, parmi lesquels il me suffira de citer l'abeille, la guêpe et la fourmi; mais aux diptères, parmi lesquels on range la mouche; mais à l'immense majorité des insectes et à une foule d'autres encore; et même vous verrez qu'il en est dont les métamorphoses sont bien plus extraordinaires que celles des insectes.

XII

Eh bien, les naturalistes sont convenus de donner le nom de *transformation* aux changements qu'éprouvent les animaux qui ne sortent de l'œuf qu'après que leur développement est achevé, et de réserver le nom de *métamorphoses* aux changements qu'éprouvent les animaux qui sortent de l'œuf avant que leur développement soit achevé, mais quand ils ont déjà acquis une forme telle que sous cette forme ils peuvent vivre dans le monde extérieur.

Il y a dans tout animal deux sortes de fonctions :

Il mange, se nourrit, digère, s'accroît; le végétal en fait autant; ces fonctions sont ce qu'on appelle les *fonctions végétatives*.

Il sent, il se meut; ces fonctions sont ce qu'on appelle les *fonctions de la vie de relation* ou *de la vie animale*.

Un animal capable de vivre de la vie de relation avant d'avoir pris la forme de ses parents, est ce qu'on nomme un *animal à métamorphoses*.

Jamais le poulet ne sort de l'œuf avant d'avoir pris la forme du poulet, et si vous l'en faisiez sortir avant cette époque, il mourrait; le poulet n'est donc pas un animal à métamorphoses.

Au contraire, ainsi qu'on vient de le voir, le bombyx sort de l'œuf avant d'avoir pris la forme du bombyx, à une époque où il diffère totalement de celui-ci; et non-seulement il est viable dès ce moment, il se nourrit, il s'accroît, il exerce, en un mot, toutes les fonctions végétatives; mais encore il se déplace, rampe sur le sol, grimpe le long des arbres, donne des preuves évidentes de sensibilité; en un mot, il remplit toutes les fonctions animales; le bombyx est donc un animal à métamorphoses.

Et c'est ainsi, mes chers lecteurs, qu'il y a ce qu'on appelle des animaux à métamorphoses, bien que tous les animaux éprouvent des métamorphoses.

XIII

Vous comprenez bien que les changements qui s'opèrent depuis le moment où un œuf de bombyx commence à travailler jusqu'à celui où la chrysalide issue de la larve, qui est issue elle-même de cet œuf, s'est transformée en papillon semblable au bombyx; vous comprenez que cette suite de changements est en tout comparable à ceux qui s'opèrent dans un œuf de poule du commencement à la fin de l'incubation. Cependant, si vous doutiez de la parfaite analogie de ces deux séries de faits, voilà qui va vous prouver que la métamorphose proprement dite ne diffère en rien

2*

d'essentiel de ce que nous sommes convenus d'appeler transformation.

Vous savez sans doute, et nous y reviendrons dans un des chapitres suivants, que l'œuf pondu par une grenouille ou par un crapaud ne donne pas naissance à un animal semblable à celui d'où cet œuf provient, et qu'il en sort, au contraire, un animal très-différent, qui est une espèce de poisson très-agile auquel on donne le nom de *têtard*, c'est-à-dire que la grenouille et le crapaud sont, comme le bombyx, des animaux à métamorphoses.

Eh bien, voulez-vous la preuve que les changements que le têtard, tout en allant et venant dans l'eau, éprouve pour devenir un crapaud, sont exactement de même nature que ceux qu'éprouve l'embryon du poulet immobile dans l'œuf? Je vais vous la donner.

Certes, vous ne douteriez pas de la parfaite similitude du développement du crapaud et de celui du poulet, si, comme le poulet, le crapaud ne sortait de l'œuf qu'après avoir pris la forme de ses parents. Eh bien, c'est ce que font certains crapauds.

Ainsi, il y en a un qu'on trouve en Amérique dans certaines parties chaudes et humides de ce continent, à Surinam et dans la Nouvelle-Espagne; c'est le *pipa*, remarquable par l'aplatissement de tout son corps, et surtout de sa tête, qui est presque triangulaire. Sa couleur est livide; il est fort laid, ce qui n'a rien d'étonnant chez un crapaud et n'empêche pas les Indiens, et même les colons, de le regarder comme un mets délicat.

Cet animal rend un singulier service à sa femelle. Dès que celle-ci a fait sa ponte, qui se compose d'une centaine d'œufs gros comme des grains de vesce, il les lui étale sur le dos; après quoi celle-ci gagne le marais le plus voisin et s'y plonge.

Or, bientôt tous ces œufs qu'elle a sur le dos, irritant sans doute cette partie, y provoquent une sorte d'inflammation dont le résultat est que la peau se gonfle et se façonne en une multitude de cellules qui entourent les œufs, et dans lesquelles ceux-ci restent emprisonnés pendant trois mois.

Au bout de ce temps les cellules s'ouvrent, et qu'en sort-il? des têtards? non, de vrais crapauds, de parfaits pipas qui, par conséquent, ont éprouvé toutes leurs métamorphoses à l'intérieur des cellules qui les contenaient.

Voilà donc des crapauds qui s'élèvent à la dignité de crapaud sans passer par le rang des têtards, et il est clair que leurs développements, ou que leur embryogénie (on nomme ainsi la science qui s'occupe de la formation des êtres animés) ne diffère en rien de l'embryogénie du poulet, si ce n'est, bien entendu, par les points où le poulet est un poulet et où un crapaud est un crapaud.

Mais voici quelque chose de plus concluant encore.

Un jour (c'était, si je ne me trompe, en 1833), un observateur anglais, M. E. J. Lowe, trouva dans sa cave, au milieu de pommes de terre en décomposition, une grande masse de frai de crapaud. Un peu plus tard il y trouva de jeunes crapauds provenant du frai susdit. Or, cette cave étant parfaitement sèche, il est certain que des têtards, qui sont des animaux aquatiques, n'auraient pu y vivre, et que, par conséquent, ces jeunes et intéressants crapauds étaient sortis de toutes pièces des œufs où ils avaient pris naissance. Il paraît donc qu'il y a des cas où ces animaux sont dispensés des grades inférieurs qui les astreignent pendant la première partie de leur vie à une résidence aquatique. Et puisque le même être, suivant les circonstances, éprouve ou ce qu'on nomme des métamorphoses, ou ce qu'on nomme des transformations, il est clair que celles-ci et celles-là ne diffèrent les unes des autres par rien d'essentiel.

XIV

On trouvera donc quelque peu arbitraire la distinction établie ci-dessus entre les animaux à métamorphoses et les autres animaux. Il est certain que l'histoire de la formation des uns et des autres est comprise dans une seule et même science, qui est l'embryogénie. Cependant le phénomène de véritables embryons vivant de la vie de relation comme des animaux achevés est assez considérable pour justifier une distinction au moins provisoire entre les êtres qui présentent ce phénomène et ceux qui ne le présentent pas. Et du reste, ce qui fait le principal intérêt des métamor-

phoses, c'est précisément cette circonstance qu'elles
sont au fond de même nature que les changements qui
s'opèrent dans le cours de la vie embryonnaire de
tous les êtres. Étant de même nature que les transformations, elles peuvent jeter du jour sur celles-ci.

Or nous savons déjà que, quel que soit l'animal dont
nous étudiions le développement, son embryogénie
nous montre que cet animal est formé de toutes pièces,
construit à nouveau, à chaque genération et dans
chaque œuf, et que, dans le cours de son développement, cet animal diffère à ce point de lui-même,
d'avoir successivement, dans la conformation et dans
le jeu de ses divers organes, des traits partiels de ressemblance bientôt effacés avec des animaux étrangers
et le plus souvent inférieurs à sa propre espèce.

La métamorphose, qui n'est qu'un phénomène em-
bryogénique plus accentué encore que les autres, fait
davantage : elle précise le sens de ces différences qu'un
être en voie de développement soutient avec lui-même ;
elle nous montre que l'embryon, tout en contenant
virtuellement l'animal achevé, est transitoirement un
tout autre auimal que celui-ci.

C'est ce que nous fait bien voir le ver à soie, qui n'est
que l'embryon du bombyx, et qui est cependant un
animal libre, se nourrissant seul, jouissant complète-
ment de la vie de relation, parfait en son genre, à qui
il ne manque pour être un animal complet que la faculté de se reproduire (faculté qui ne manque pas à
toutes les larves), et qui enfin diffère si complétement

du bombyx, qu'aucun zoologiste ne songerait à les réunir dans le même ordre si l'observation ne nous avait appris qu'ils sont un seul être pris à deux époques de sa vie.

C'est encore ce que nous ont fait voir la grenouille et le crapaud, chez qui l'embryon est également un animal libre, se suffisant à lui-même, et si profondément différent de ses parents, que sans aucun doute le naturaliste qui ignorerait que l'un est le jeune et que l'autre est l'adulte, n'hésiterait pas à les placer dans deux classes différentes, le premier parmi les reptiles, et le second parmi les poissons. L'histoire de la science mentionne, en effet, un très-grand nombre de méprises de ce genre, et il est probable qu'on est loin de reconnaître toutes celles qui ont été faites.

Je pourrais multiplier le nombre des cas analogues à ceux que nous montrent le bombyx et la grenouille, et on le verra bien par la suite de ce livre. Mais les exemples précédents suffisent pour montrer quelle clarté la métamorphose jette sur les phénomènes embryonnaires.

Le problème ordinaire de la zoologie consiste à classer les animaux d'après les rapports que leur organisation établit entre eux.

Le problème le plus élevé qu'elle puisse aborder, est celui de savoir si les rapports sur lesquels sont fondées les classifications sont des rapports de parenté, si les êtres, du moins si tous les êtres ont toujours été tels que nous les voyons, ou si la PUISSANCE CRÉATRICE qui a livré le monde aux disputes des hommes, n'a pas permis et voulu que tous les animaux, ou qu'un certain nombre d'entre eux, acquissent dans le cours des âges les caractères qu'ils présentent aujourd'hui.

Or l'embryogénie, qui nous montre comment chaque être se forme, et ce qu'il est avant de devenir lui-même,

Aigle à queue étagée.

et avec quels êtres différents de ceux de son espèce il a des traits plus ou moins intimes de ressemblance avant de devenir l'image exacte de ses parents; l'embryogénie est évidemment, de toutes les sciences d'observation, la plus propre à nous servir de guide dans l'étude de cette question fondamentale; et parmi les faits embryogéniques; les plus clairs, les plus éloquents, les plus démonstratifs, sont ceux que l'on comprend sous le nom de métamorphoses.

On a cru pendant longtemps que ces dernières ne se rencontraient que parmi les insectes; on en connaît aujourd'hui dans toutes les classes du règne animal, (les mammifères, les oiseaux et les reptiles exceptés),

Tortue éléphantine.

et le nombre s'en accroît tous les jours, et chaque jour, pour ainsi dire, on en découvre de plus merveilleuses. Nous décrirons les plus remarquables; car, quant à les passer toutes en revue, plusieurs volumes comme celui-ci seraient nécessaires. Mais il nous faut d'abord avoir quelque idée de la variété des êtres qui vont nous occuper. Jetons donc un coup d'œil sur l'ensemble du règne animal. Ce ne sera pas bien fatigant, car c'est une suite d'images qui va se dérouler sous vos yeux.

XV

Au sommet de l'échelle se placent les animaux qui

Crocodiles du Nil.

allaitent leurs petits : ce sont les MAMMIFÈRES. Le colossal, le puissant *éléphant* en est un. La facilité avec laquelle il s'apprivoise, sa force prodigieuse, son intelligence, qui ne le cède à celle d'aucun animal, sa docilité, l'adresse avec laquelle il se sert de sa trompe comme d'une main, le rendent extrêmement précieux dans l'Inde, où on l'emploie aux fonctions les plus variées, depuis la garde des petits enfants, dont il prend le plus grand soin, jusqu'au transport et au service de l'artillerie de campagne.

Le naja ou serpent à lunettes.

Après les mammifères viennent les OISEAUX, dont l'*aigle* est un des types les plus accomplis, bien qu'il ne mérite nullement la réputation de noblesse et de générosité qu'on lui a faite.

Au-dessous des oiseaux les REPTILES, qui se divisent en trois groupes : celui des *tortues*, dont certaines espèces fournissent aux arts une matière première de la plus grande beauté, l'*écaille*, et à la cuisine un manger très-justement estimé ; celui des sauriens, dont fait partie le féroce *crocodile*, qui n'est autre chose qu'un gigantesque lézard ; et enfin les serpents, parmi lesquels le *naja* ou *serpent à lunettes* est un des plus venimeux. Le nom de serpent à lunettes lui vient de ce dessin bizarre qu'on voit sur la partie supérieure de son énorme cou.

Après les reptiles, nous trouvons les amphibies, qui

Pipa ou Crapaud de Surinam.

pendant une partie de leur vie respirent dans l'eau, et pendant l'autre respirent dans l'air. Tels sont les *grenouillles* et les *crapauds*. Et le *pipa* ou *crapaud de Surinam*, dont voici la laide image, est déjà connu de nos lecteurs.

Viennent enfin les poissons, parmi lesquels le *requin* occupe le même rang que le lion parmi les mammifères et l'aigle parmi les oiseaux. D'un coup de sa puissante mâchoire il coupe un homme en deux aussi nettement que le ferait une hache. C'est l'ennemi per-

sonnel des matelots; leur grand bonheur est de le
harponner. Il s'y prête volontiers, étant très-glouton
et se tenant dans le voisinage des navires, afin de

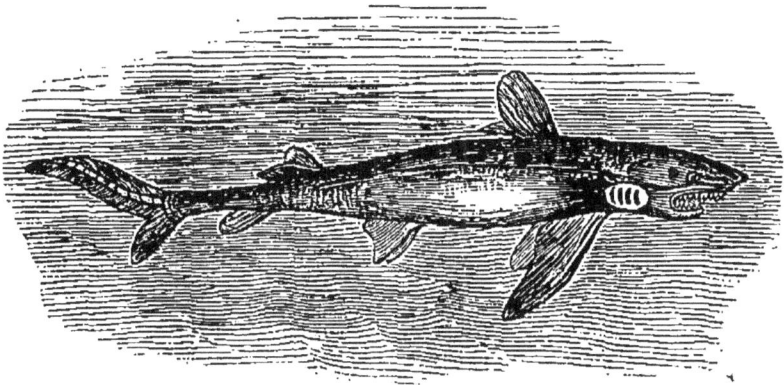

Le requin.

faire son profit de tout ce qui en tombe, débris de
cuisine ou passagers.

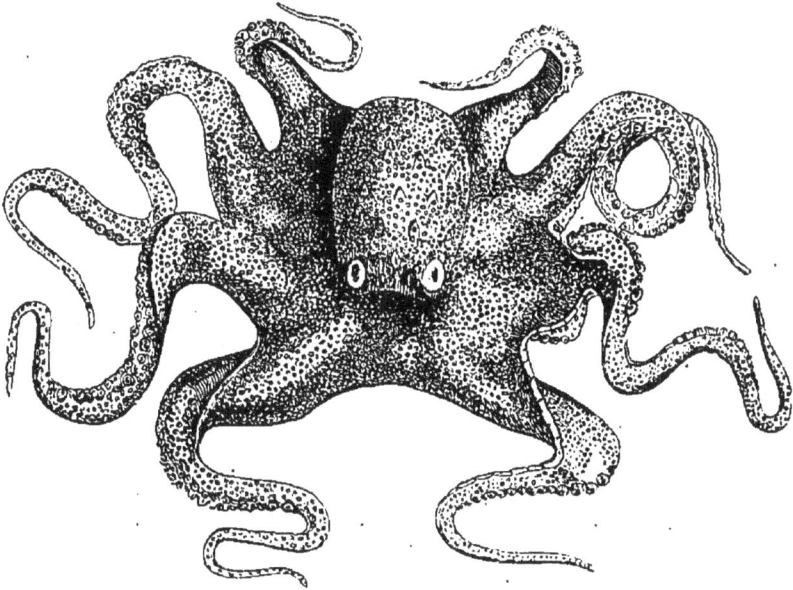

Poulpe commun.

Mammifères, oiseaux, reptiles, amphibies, poissons, composent ensemble ce qu'on appelle l'embranchement des VERTÉBRÉS.

Un autre embranchement, une autre série est celle des MOLLUSQUES.

Le *poulpe* hideux ;

Hélice némorale.

L'*hélice*, que vous connaissez tous sous le nom de *colimaçon ;*

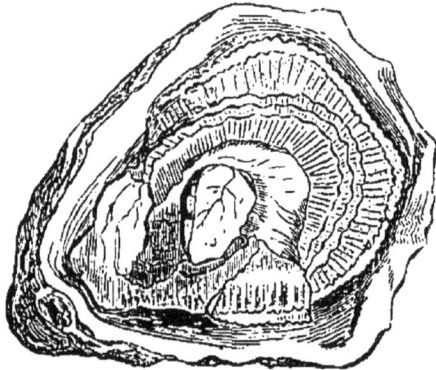

Huître.

L'*huître*, qu'un grand nombre d'entre vous estiment ;

Pyrosome.

Le *pyrosome*, animal marin ou plutôt colonie marine (car c'est un animal composé), dont le nom veut dire *corps en feu*, et qu'on nomme ainsi parce qu'il répand une lumière phosphorescente d'un éclat extraordinaire ;

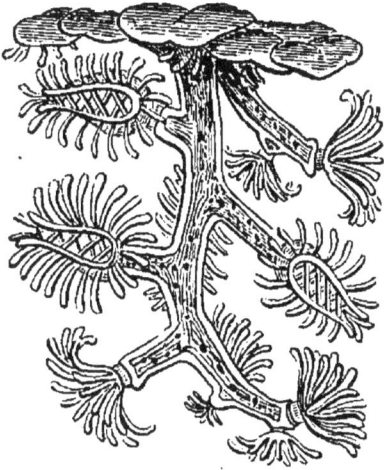

L'élégante *plumatelle*, autre animal composé qui vit dans nos eaux douces, fixé sous les feuilles de diverses plantes :

Sont des mollusques, et c'en est assez pour donner une idée de la variété de formes et d'organisation que comprend cet embranchement.

Plumatelle cristalline.

Une autre série encore, un autre embranchement est celui des ARTICULÉS.

Il se divise également en plusieurs classes :

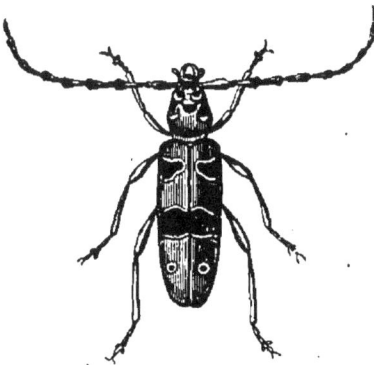

Capricorne héros.

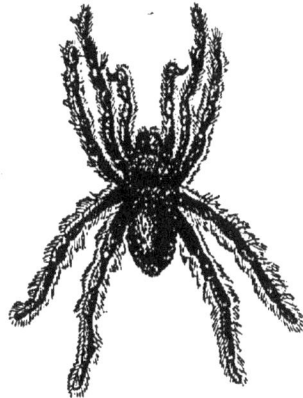

Mygale aviculaire.

Celle des insectes, que représente dignement cette jolie petite bête le *capricorne*, dont le nom rappelle la ressemblance de ses longues antennes avec les cornes des chèvres ;

Celle des *mille-pieds*, dont fait partie le *polydesme*,

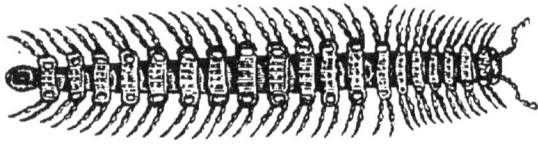

Polydesme.

que vous trouverez sous les pierres dans les lieux humides ;

Celle des *araignées*, y compris l'effrayante *mygale*, dont quelques-unes couvrent de leurs pattes étendues

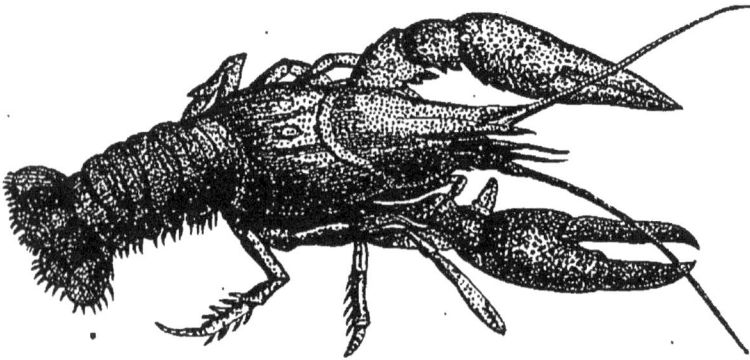

Écrevisse.

un espace circulaire de huit à neuf pouces de dia-mètre ;

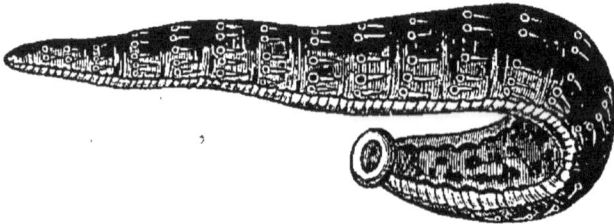

Sangsue dragon.

Celle des *crustacés*, qui, à défaut de homard, figure

si avantageusement sur une table sous forme d'un buisson d'*écrevisses* ;

Celle des *annélides*, qui nous donne l'inappréciable *sangsue* ;

Enfin, celle des *hélminthes*, qui fournit à tous les

Ascaride lombricoïde.

animaux les vers (l'*ascaride lombricoïde*, entre autres), qu'ils hébergent dans leur corps.

L'embranchement des articulés étant épuisé, nous passons à celui des RAYONNÉS.

D'abord viennent les *oursins*, tant goûtés des gourmets provençaux, et qui ont la forme de melons ; les

Oursin comestible.

astérites, qui ressemblent plus ou moins à des étoiles, et les *holothuries*, qui ressemblent à des cornichons et sont un des mets favoris des Chinois.

Enfin les *polypes*, ainsi nommés à cause du nombre de leurs bras ou des organes qui leur en tiennent lieu.

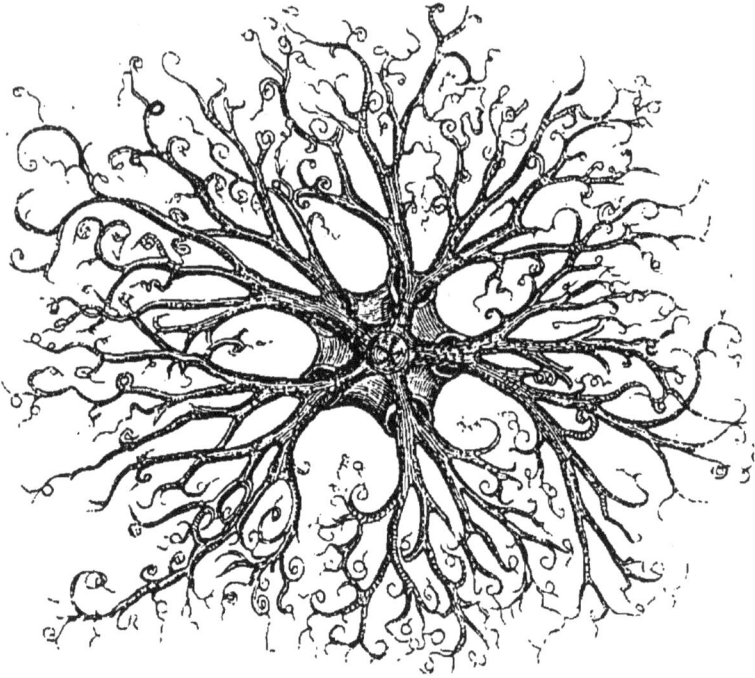

Astrophyte verruqueux.

Tels sont le fameux *polype d'eau douce*, qui, coupé en

Holothurie Jaune.

morceaux, donne bientôt autant d'animaux complets

3

qu'on en a fait de parts ; les élégantes *méduses ;* ces

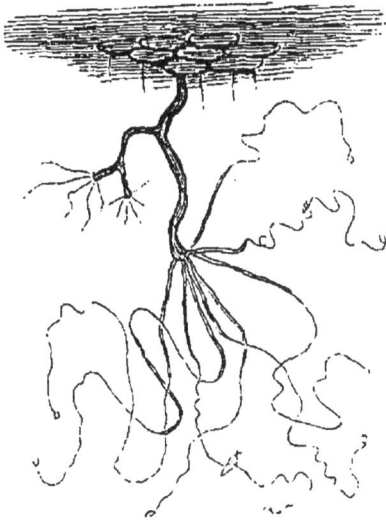

Polype d'eau douce.

arbres de pierre, les *poly-piers,* si longtemps pris pour des arbres véritables et que des animaux construisent, et les *pennatules,* autres colonies de polypes groupés en forme de plumes, et qui sont phosphorescentes.

Un dernier embranchement est celui des PROTOZOAIRES, lesquels sont, comme le nom l'indique, les animaux les plus simples. Il comprend :

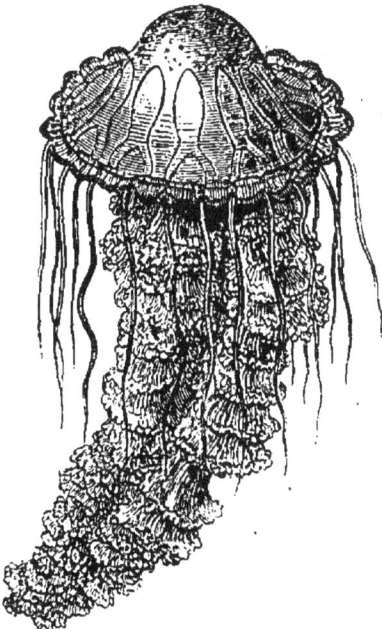

Méduse aux beaux cheveux.

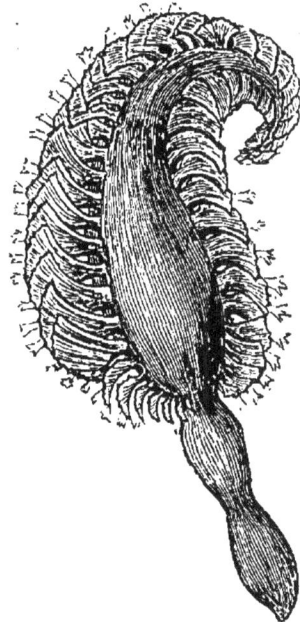

Pennatule épineuse.

Les *foraminifères,* revêtus de coquilles aussi régulières, aussi ouvragées que celles des mollusques les plus élevés, comme on en peut juger par celles de

Dendrophyllie en arbre.

la *calcarine*, de la *triloculine*, de la *bigenerine* et de la *textulaire*;

Calcarine.   Triloculine.   Bigenerine.   Textulaire.

Les *infusoires*, animalcules microscopiques qu'on voit toujours apparaître en grand nombre dans les liqueurs organiques en décomposition, et qui, pour cette raison, pullulent dans les eaux douces et dans les eaux marines. La *vorticelle*, remarquable par sa couronne de cils vibratiles et par son long pédicule, est un infusoire. Il y a des vorticelles si gigantesques, qu'on peut les apercevoir à l'œil nu;

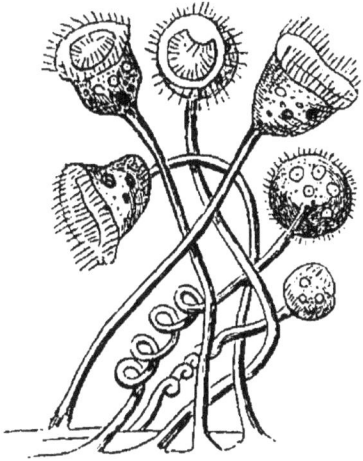

Vorticelles.

La classe des *éponges*, représentée dans nos environs par l'humble *éponge d'eau*

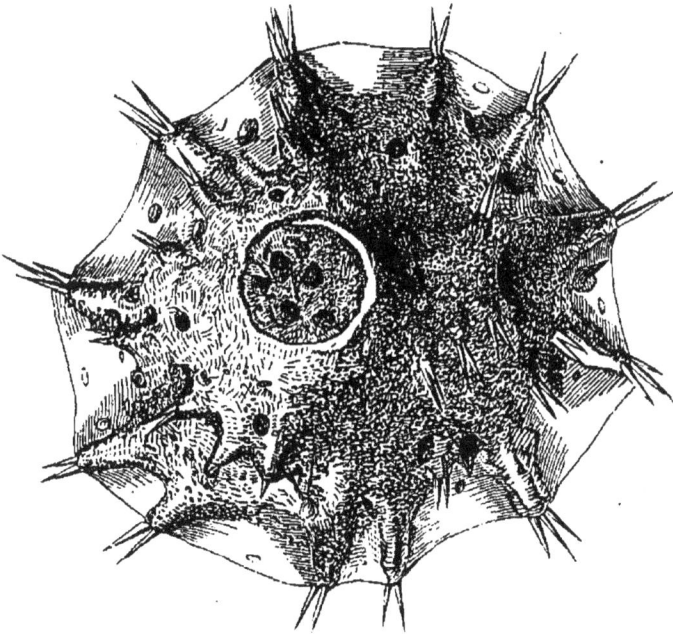

Spongille ou Éponge d'eau douce.

douce, la *spongille*, formée, comme toutes les éponges, par des animaux qui n'ont ni tentacules ni tube digestif.

Au même groupe appartiennent enfin les *cladococ-cus*, animaux marins qui ont souvent une telle régularité et une si grande élégance de formes, qu'ils pourraient fournir de gracieux motifs à nos dessinateurs industriels, et les *noctiluques*, autres petits animaux

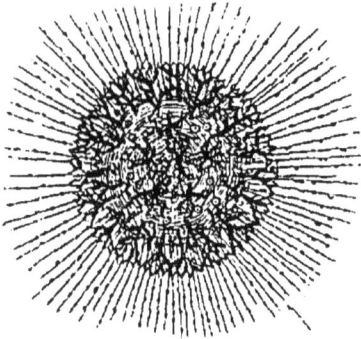

Cladococcus.

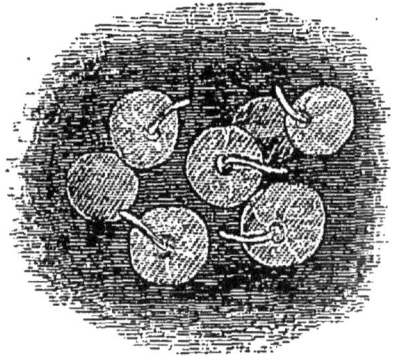

Noctiluques.

aquatiques qui contribuent à produire ce grand et splendide phénomène : la phosphorescence de la mer.

Cela dit, j'entre en matière. Et quoique les mammifères, ainsi que nous l'avons fait observer, ne subissent pas de véritables métamorphoses dans le sens qui a été donné ci-dessus à ce mot, comme ils nous présentent un fait très-curieux et qui a une affinité évidente avec les métamorphoses, c'est par eux que nous allons commencer.

MAMMIFÈRES

LÈS ANIMAUX A BOURSE.

Chez tous les mammifères le petit a, dès sa naissance, la même organisation que ses parents ; chez tous, les didelphes seuls exceptés.

Quand un didelphe vient au monde, il n'est encore qu'ébauché. C'est un corps gélatineux, gros comme un pois dans certaines espèces, et qui ne pèse pas plus de cinq centigrammes ; il n'a ni yeux ni oreilles, pas même de poils, et ses quatre membres sont représentés par de petits tubercules. La seule ouverture qu'on voie est la bouche, qui est fort grande, circonstance heureuse, comme vous allez en juger.

Embryon de didelphe.

En effet, à peine ce petit est-il né, qu'aidé par sa mère (car tout seul il serait incapable d'en venir à bout), il s'attache aux mamelles de celle-ci, et bientôt les mamelles se gonflent à tel point qu'elles lui remplissent toute la bouche, et si complétement,

Didelphe marmose.

qu'il faut user de beaucoup de force pour l'en séparer. Il reste ainsi attaché comme un fruit pendant à l'arbre, jusqu'à ce que son développement soit tout à fait achevé. Pendant ce temps le lait lui coule dans la bouche, et cette nourriture lui profite si bien qu'en quinze jours l'embryon, qui était gros comme un pois, devient gros comme une souris.

Chez tous les mammifères autres que les didelphes les tétines sont à découvert, et c'est aussi ce qui a lieu chez plusieurs didelphes; mais il y en a dont les tétines sont protégées par un pli de la peau du ventre qui forme une véritable poche ouverte en avant, et de là le nom de *marsupiaux*, c'est-à-dire d'animaux à bourse, donné à ces didelphes. Les petits greffés aux tétines sont par conséquent renfermés dans cette poche. Il leur arrive bien souvent d'y rentrer après ce qu'on pourrait appeler leur seconde naissance, c'est-à-dire lorsque, ayant acquis à force de se gorger de lait la forme de vrais didelphes, ils sont enfin devenus libres. Ils y rentrent pour téter encore, pour se réchauffer, pour dormir, pour fuir ce qui les effraie, et c'est un spectacle curieux et touchant que celui de toute une portée effarouchée cherchant un refuge dans le sein naturel.

Les mères didelphes qui manquent de poche, n'aimant pas moins pour cela leurs petits, s'y prennent d'une autre manière pour protéger leur progéniture: elles prennent leurs nombreux enfants sur leur dos, ou plutôt les enfants y grimpent; arrivés là, ils se cramponnent, non-seulement à l'aide de leurs pattes, mais encore au moyen de leurs queues, qu'ils enroulent solidement autour de la queue de leur mère, que celle-ci tient à cet effet couchée parallèlement à son dos. C'est ainsi qu'elle les mène à la promenade et qu'elle les emporte en cas de danger.

On trouve de ces curieux animaux dans l'Inde, en Amérique, et à la Nouvelle-Hollande. Ceux de l'Inde étaient connus des anciens. Plutarque dit dans son *Traité de l'amour maternel*: « Fixez votre attention sur ces chats de l'Inde, qui, après avoir produit leurs petits vivants, les cachent de nouveau dans leur ventre, d'où ils les laissent sortir pour aller chercher leur nourriture, et les y reçoivent ensuite pour qu'ils dorment en repos. » Ces prétendus chats de l'Inde ne sont pas des chats du tout; ce sont des *phalangers,* qui sont des didelphes.

Les plus remarquables de ces didelphes sont les sarigues, qui ne se rencontrent qu'en Amérique, et les kanguroos, qui ne se rencontrent qu'à la Nouvelle-Hollande.

Les sarigues habitent la partie moyenne du continent américain depuis la Virginie, dans l'Amérique du Nord, jusqu'à la rivière de la Plata, dans l'Amérique du Sud. Il fut un temps où il y en avait en France, mais c'était bien avant que la France existât, à l'époque où se sont formés les bancs de gypse ou pierre à plâtre de Montmartre.

Ce ne sont pas des animaux très-gracieux : leur gueule, armée d'un grand nombre de dents et fendue jusqu'au delà des yeux, a été comparée à la bouche du brochet; leur queue, couverte d'écailles, a été comparée à un serpent; leurs oreilles, minces, nues, violacées et transparentes, ressemblent à celles des chauves-souris. La peau est, autour de la bouche, des yeux et des pieds, d'un rouge livide; tout le poil est terne. Leurs pieds ont des pouces opposables comme les mains des singes, ce qui leur a valu le nom de *pédimanes;* sauf les pouces, tous les doigts sont armés d'ongles crochus. Cette conformation leur donne beaucoup de facilité pour grimper aux arbres. A terre ils se meuvent très-lentement. Ce sont des êtres nocturnes qui se nourrissent de proie vivante. Ils sont peu intelligents, à tel point que, lorsqu'on les frappe avec un bâton, ils mordent le bâton et n'ont jamais l'idée de s'attaquer à celui qui le tient. Le jour, ils se retirent dans des trous et dorment enroulés sur eux-mêmes comme font les chiens. Ce qui me reste à dire ne les rendra pas intéressants. Ils répandent une odeur repoussante, sécrétée par une glande située près de l'anus; ils la répandent à volonté : c'est un moyen de défense, et comme si cela ne suffisait pas, dès qu'on les effraie ou qu'on les tourmente, ils s'aspergent encore de leur urine.

Parmi ces sarigues, il y en a qui ont une poche abdominale : tel est le *sarigue de Virginie,* qui est grand comme un chat. Ses petits, au nombre de douze à quinze, quittent les tétines quand ils ont acquis le volume d'une souris, mais ils continuent de résider dans la poche jusqu'à ce qu'ils soient devenus gros comme des rats. D'autres manquent de poche, et c'est le cas du *sarigue dorsigère*, ainsi nommé parce qu'il porte ses petits sur son dos. Il habite la Guyane.

Le *sarigue crabier*, qui vit au milieu des palétuviers sur les côtes de la Guyane et du Brésil, mérite d'être cité à cause de l'industrie qu'il déploie pour se nourrir. C'est un pêcheur. Il vit principalement de crabes, qn'il prend à la ligne. Ayant découvert un de ces creux de rochers dans lesquels vivent ces crustacés, il y laisse pendre sa queue, et dès qu'il sent qu'un crabe y a mordu, il la retire vivement et croque bel et bien le naïf animal.

Les kanguroos sont remarquables par l'extrême inégalité de longueur qui existe entre leurs membres antérieurs, qui sont fort petits, et leurs membres postérieurs, qui sont très-longs et très robustes, et par la force de leur queue. Ils se tiennent souvent assis sur les jambes de derrière et sur cette queue figurant ensemble une espèce de trépied. Ces membres vigoureux leur permettent de faire des sauts prodigieux. Un bond de cinq mètres n'est pour eux qu'un jeu, et on les a vus descendant un terrain en pente douce franchir à chaque saut un espace de quatorze mètres.

Ce sont des animaux herbivores, doux, timides, qui forment souvent de petites bandes conduites par de vieux mâles. Quand, en 1802, le navigateur Flinders découvrit l'île des Kanguroos, ainsi nommée à cause du grand nombre de ces animaux qui l'habitaient (on n'y en trouve plus un seul aujourd'hui), les kangu-

Kanguroos géants.

roos, n'ayant jamais vu d'hommes, se laissaient si aisément approcher, qu'on en tua trente-un dans une seule soirée. Avec l'expérience, la crainte et la prudence leur sont venues; mais ils s'apprivoisent aisément; aussi les recherche-t-on en Australie pour l'ornement des parcs. A Sydney, par exemple, les Anglais en ont d'apprivoisés dans leurs domaines; on les voit s'approcher des étrangers pour en obtenir des friandises; ils entrent même dans les appartements à l'heure des repas, s'asseyent sur leur queue auprès du maître, et de leurs petites pattes le frappent doucement pour en obtenir quelque chose. Une espèce, le *kanguroo géant*, atteint une longueur de deux mètres; et comme sa chair est excellente, la Société Zoologique s'occupe de l'acclimater en France, ce qui n'offre pas de difficulté sérieuse.

Les femelles ont rarement plus d'un petit, jamais plus de deux; Ceux-ci se développent dans une poche assez ample qu'ils continuent d'habiter quand ils sont en âge de se nourrir seuls; on les voit même, quand la mère broute, sortir leurs petites têtes du nid et paître pour leur compte l'herbe des pâturages.

Telle est l'histoire des didelphes. Il est assez curieux de rencontrer presque à l'autre extrémité de la série animale une conformation analogue à celle qui les rend si intéressants. Cette conformation nous est offerte par un crustacé, et un crustacé d'un ordre très-inférieur, le *cymothoé*, petit animal vorace et parasite qu'on nomme aussi *pou de mer*, *œstre* et *asile des poissons,* parce qu'il s'attache aux poissons comme les poux, les œstres et les asiles [1] s'attachent aux mammifères ; c'est sur les ouïes, ou dans le voisinage de l'anus, ou près de la bouche des animaux aux dépens desquels il vit, que ce crustacé se cramponne à ceux-ci..

Or, comme la femelle des marsupiaux, la femelle du *cymothoé* est munie d'une poche ventrale dans laquelle ses petits se développent. Cette poche est formée de plusieurs lames cornées. L'animal y dépose ses œufs. Après que ceux-ci sont éclos, les jeunes cymothoés continuent d'y résider pendant un certain temps ; on en trouve quelquefois plusieurs centaines.

Si remarquables que soient les transformations des didelphes, ces animaux n'éprouvent cependant pas de véritables métamorphoses dans le sens que nous avons donné à ce mot ; puisque, s'il est vrai que le petit naît sous forme d'embryon, il ne vit pas alors de la vie de relation. Pour trouver des métamorphoses proprement dites, il nous faut franchir la classe des mammifères et celle des oiseaux, où on n'en connaît pas, et arriver à celle des amphibiens.

---

[1] Les œstres et les asiles sont des espèces de mouches.

LES AMPHIBIENS

Les amphibiens forment une classe des plus intéressantes en ce qu'elle est intermédiaire à celles des
poissons et des reptiles, et cela d'une double façon :

1º Parce qu'elle contient des animaux qui sont en
même temps et pendant toute leur vie poissons par
certains détails de leur organisation, et reptiles par
certains autres;

2º Et parce qu'elle contient des animaux qui sont
poissons pendant la première partie de leur vie, et
reptiles pendant la seconde.

C'est de ceux-ci que nous avons à nous occuper spécialement; mais il est nécessaire de faire d'abord connaître les autres.

LE LEPIDOSIREN.

Il y a en premier lieu le lepidosiren, animal qui
n'est pas connu depuis un grand nombre d'années. On
le trouve en Amérique et en Afrique.

Les caractères des poissons et ceux des reptiles sont
si bien associés en lui, que des deux zoologistes éga-

lement illustres qui ont été les premiers à l'étudier, l'un, M. Richard Owen, le range parmi les poissons, l'autre, M. Bischoff, le classe parmi les reptiles. D'après notre savant compatriote M. Serres, le lepidosiren n'est exactement ni l'un ni l'autre.

Son corps allongé ressemble tout à fait à celui d'un poisson ; sa peau est couverte d'écailles, ses membres sont des nageoires, ses branchies par leur disposition

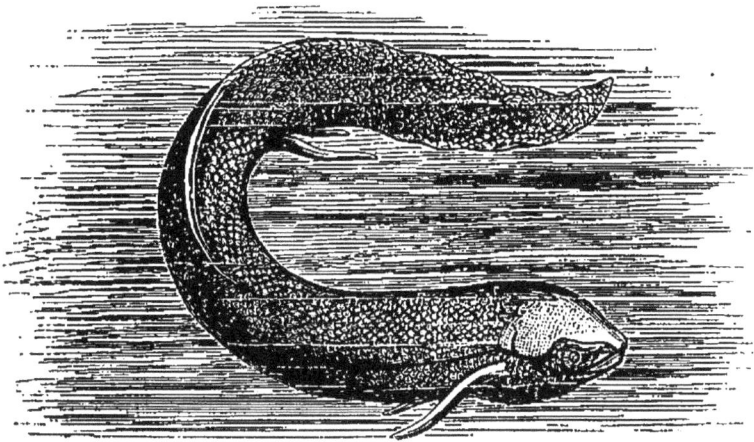

Le lepidosiren.

sont tout à fait semblables à celles des poissons ; par son squelette encore il appartient plutôt à cette classe qu'à celle des reptiles. Mais sa vessie natatoire s'est développée au point de prendre l'apparence et de remplir l'office d'un poumon, et ce poumon communique par une glotte avec le pharynx; enfin le cœur paraît être composé de trois cavités, et la circulation s'opèrerait comme chez les batraciens.

M. Albert Geoffroy-Saint-Hilaire, alors sous-directeur du jardin zoologique d'acclimatation, dont il est aujourd'hui le directeur, reçut, le 7 mai 1863, de la rivière de Gambie, par l'intermédiaire d'un correspondant anglais, quatre cocons de l'espèce dite *lepidosiren annectens*.

Ils étaient placés dans des mottes de terre très-argileuse et entièrement sèche; la partie plate du cocon, celle qui porte l'ouverture donnant accès à l'air, se trouvait en dessus, et était tellement desséchée, qu'elle rendait un son sec lorsqu'elle était pressée.

« Je crus — dit M. Albert Geoffroy — ne recevoir que des animaux morts; cependant je les plaçai dans l'eau, et, deux jours après, mes quatre lepidosirens sortirent de leurs enveloppes et se mirent à serpenter dans l'eau. Mais je les perdis, car je les avais placés dans une eau trop profonde, je leur avais fourni trop peu de terre, et surtout je les avais trop brusquement inondés. »

L'auteur voulut recommencer son essai, et il eut la bonne fortune de recevoir, le 14 juillet suivant, deux nouveaux cocons.

« Je pensai, écrit-il, que les lepidosirens déposaient leurs œufs lors d'une crue du fleuve dans les vases submergées qui se découvraient et se desséchaient quand l'eau se retirait, et que ce n'était qu'à la crue suivante que les jeunes animaux pouvaient gagner le fleuve.

« J'essayai de reproduire l'inondation qui devait permettre à mes animaux de sortir de leurs enveloppés : pour cela, j'entourai les blocs de terre qui les contenaient de boue argileuse, et je les plaçai dans une sorte d'aquarium en verre. J'y versai chaque jour un peu d'eau, de façon à rendre humide toute la masse de terre sèche. Je remarquai bientôt que la partie supérieure des cocons devenait plus souple, qu'elle se détendait.

« Enfin, quand l'eau fut presque au niveau du dessus des cocons, les lepidosirens déchirèrent leurs enveloppes. L'un d'eux se plongea dans le vase du bas, ne laissant passer que l'extrémité de sa tête dans l'eau que recouvrait la terre; l'autre resta plus de quinze jours dans son cocon déchiré, nous donnant fréquemment occasion d'observer son cri, si toutefois le bruit produit par l'animal n'est un bruit purement mécanique, résultat du brusque retrait du lepidosiren dans son trou.

« La position que les animaux occupent le plus souvent est en V, la queue et la tête sortant de la terre. Le lepidosiren de temps à autre se projette verticalement hors de son trou pour venir respirer à la surface; aussitôt qu'il a chassé l'air contenu dans son appareil respiratoire, il prend une nouvelle provision d'air, et se replace dans l'antre qu'il s'est creusé dans la glaise, comme le ferait un ver. Il semblerait, d'après cela, que ses branchies ne lui permissent pas de respirer suffisamment.

« Après avoir longtemps cherché à leur faire manger des vers de terre, des larves d'insectes, sans avoir réussi, je me suis décidé à leur offrir de jeunes poissons, qu'ils ont mangés avec avidité. »

Ces lepidosirens sont les premiers qui soient nés en France; l'un d'eux fait aujourd'hui partie de la ménagerie du Muséum d'histoire naturelle. Il habite une cuve vitrée pleine d'eau. Quoiqu'il puisse respirer l'air en nature aussi bien, sinon même mieux (comme on vient de le voir) que l'air dissous dans l'eau, la nature de ses membres, qui sont de simples appendices natatoires, l'astreint à une résidence purement aquatique. Ses allures sont exactement celles d'un poisson ; et quiconque le verrait pour la première fois ne douterait pas que ce ne fût un poisson comme les autres.

C'est de tous les amphibiens connus le plus rapproché des poissons.

L'AXOLOTL.

L'axolotl s'en éloigne davantage ; tous les livres d'histoire naturelle disent qu'il a des branchies et des poumons, et qu'il conserve les uns et les autres pendant toute sa vie. Ses branchies, au nombre de trois de chaque côté du cou, sont bien développées et flottent dans le liquide ambiant comme de petits panaches. Ses poumons forment deux longs sacs qui, dans un individu représenté par Cuvier, se prolongent jusque dans la partie la plus reculée de l'abdomen; ils reçoivent l'air extérieur au moyen d'un canal membraneux qui se rétrécit pour former un petit larynx. Ainsi constitué, l'axolotl peut donc, comme le lepidosiren, respirer tour à tour l'air libre et l'air dissous dans l'eau ; c'est comme lui un véritable amphibie ; mais ses quatre membres, terminés par de véritables pattes, l'éloignent des poissons et le rapprochent des animaux terrestres, quoique, autant qu'on le sache, toute sa vie se passe d'ailleurs dans l'eau.

C'est un animal qui, pour la forme, ressemble assez

L'axolotl.

exactement à un têtard de salamandre déjà muni de ses pattes. Il est long de vingt et un à vingt-sept centimètres, a la peau nue, d'un gris foncé tacheté de noir, une tête grande, aplatie, arrondie en avant ; la bouche très-fendue, armée de dents très-petites, mais nombreuses ; les membres courts, quatre doigts aux pattes de devant, cinq à celles de derrière, pas d'ongles, une longue queue comprimée en manière d'aviron et garnie d'une crête ou membrane natatoire.

Il vit en société dans les lacs des montagnes les plus

élevées du Mexique. Ses mœurs sont peu connues. De petits animaux vivants, des crustacés entre autres, composent sa nourriture. Cuvier a trouvé une écrevisse dans un de ceux qu'il a disséqués et dont l'illustre voyageur Alexandre de Humboldt lui avait fait don. Les Mexicains le mangent, et sa chair passe pour agréable autant que salubre ; on dit qu'elle a le goût de l'anguille. De là le nom de *gyrinus edulis* (têtard mangeable) que lui donnait Hernandez, qui l'appelait également *lusus aquarum* et *piscis ludicrus*, c'est-à-dire, *jeu des eaux*, et *poisson folâtre*, d'où on peut inférer que l'axolotl se joue habituellement à la surface des eaux.

On l'a pris pendant longtemps pour le jeune ou pour la larve de quelque salamandre, et toute son organisation est, en effet, celle d'une larve de salamandre. Plus récemment on s'était accordé à le considérer comme un animal parfait ou complet, et les doutes qui pouvaient subsister encore sur ce point parurent entièrement levés, quand, au mois d'avril 1865, M. A. Duméril, professeur au Muséum d'histoire naturelle, eut fait connaître les observations faites par lui sur six animaux de ce genre que possédait alors la ménagerie, et qui lui avaient été donnés, comme le lepidosiren, par le jardin zoologique d'acclimatation.

Parmi ces six individus il y avait une femelle ; la ménagerie les possédait depuis une année déjà, pendant laquelle ils avaient fort bien supporté la captivité, quand le 19 janvier 1865, cette femelle se mit à pondre, déposant ses œufs par groupes de vingt à trente sur les corps solides à sa portée, auxquels ces œufs s'attachaient aussitôt à cause du mucus qui les entoure ; manœuvre exactement semblable à celles auxquelles la salamandre se livre en pareil cas. La ponte continua et se termina dans la journée du lendemain.

Au commencement du mois de mars suivant, une nouvelle ponte eut lieu. Et comme il était à craindre que les œufs ne fussent dévorés, on eut soin de les déposer dans des bassins particuliers.

Les premières éclosions eurent lieu au bout de vingt-huit à trente jours; elles furent achevées en deux ou trois jours.

L'axolotl n'a pas, au moment où il sort de l'œuf, tous les caractères de ses parents. Les branchies sont bien loin d'être aussi ramifiées que chez l'adulte. Les pattes antérieures sont tout à fait rudimentaires, les postérieures n'existent pas. La bouche n'est pas ouverte; elle ne s'ouvre que quelques jours après, et alors l'animal recherche avec avidité les animalcules flottants dans l'eau. Deux mois après l'éclosion, au moment où M. Duméril communiqua son travail à l'Académie des sciences, on ne voyait encore aucune trace des membres postérieurs, et ceux de devant n'avaient presque pas augmenté de longueur.

Les axolotls tels que les naturalistes les ont décrits, c'est-à-dire les axolotls munis de poumons et de branchies, sont donc des animaux parfaits; telle était la conclusion de M. A. Duméril. Mais de nouvelles observations faites par lui sur les jeunes animaux dont nous venons de raconter la naissance, ont tout remis en question; résumons-les.

Jusqu'au commencement de septembre 1865, rien de particulier; les jeunes avaient 21 centimètres (leurs père et mère en avaient 25). Mais on constata alors que l'un d'eux, perdu de vue depuis quinze jours, avait éprouvé des changements considérables. Une teinte noire forme l'humble livrée des parents; il s'était paré de taches jaunâtres nombreuses, irrégulières, répandues sur ses membres et sur son corps. On sait que ses parents ont des branchies; lui-même, on l'a vu, en avait possédé: il les avait perdues. Une crête membraneuse étendue sur toute la partie postérieure du corps, depuis la région des épaules jusqu'à l'extrémité de la queue, passait pour un des traits caractéristiques de l'espèce: cette crête avait disparu. Enfin la tête s'était un peu modifiée.

Ce que cet axolotl avait montré inopinément dans les premiers jours de septembre, un second le montra d'une manière non moins imprévue à la fin du même mois, et dix jours après, le même fait, constaté chez un troisième individu, vint pour la troisième fois prendre M. Duméril à l'improviste.

Enfin, le 10 octobre, il lui fut donné d'étudier, dès son origine ou à peu près, sur un quatrième axolotl, le travail de métamorphose dont il n'avait pu encore constater que les résultats. Déjà, sur ce dernier sujet, la portion de la crête la plus rapprochée de la tête avait disparu, et quelques points d'un blanc jaunâtre se montraient sur les membres; l'auteur vit les lamelles branchiales d'abord, puis les appendices qui portent ces lamelles diminuer de longueur, et, le 6 novembre, il n'existait plus à leur place que de petites lamelles sous-cutanées. Peu à peu les crêtes s'effacèrent entièrement et les taches se multiplièrent. Enfin, à la date précisée, la tête au niveau des branchies antérieures avait diminué en largeur de cinq millimètres.

Tels sont les faits. Les axolotls nés à la ménagerie ont donc éprouvé de profondes métamorphoses. Ces métamorphoses, très-analogues, comme on le verra, à celles des salamandres, ont élevé ces animaux fort au-dessus de leurs parents. En présence de ce résultat inattendu, M. A. Duméril se demande si ces derniers, qu'il n'avait pas hésité à considérer comme des animaux adultes, du moment où il les avait vus aptes à se reproduire, sont autre chose que des larves. Mais cette supposition lui paraît présenter une difficulté. « Comment alors, écrit-il, expliquer la prompte métamorphose d'animaux âgés de huit mois, quand les individus apportés de Mexico en France, à la fin de mai 1865, n'ont subi d'autres changements que ceux qui résultent de leur augmentation de taille? »

Mais il y a, selon nous, une hypothèse possible. C'est que l'auteur s'est trouvé en présence du seul cas de *génération alternante* entrevu jusqu'ici chez les animaux vertébrés, tandis qu'il y en a, comme on le reconnaîtra plus tard, de nombreux exemples parmi les

animaux inférieurs. Si cette hypothèse est fondée,
M. Duméril verra les axolotls nés à la ménagerie
donner naissance à une génération qui présentera tous
les caractères de ceux qui sont venus de Mexico.

Nous passons maintenant au second des deux groupes
que nous avons distingués parmi les amphibiens, groupe
formé par des animaux qui sont aquatiques et respirent par des branchies pendant la première partie de
leur vie, tandis qu'ils sont terrestres et respirent par
des poumons pendant la seconde partie.

LES CRAPAUDS ET LES GRENOUILLES.

Ceux-ci n'ont pas besoin d'être décrits. Ils habitent
notre pays, et n'y sont rien moins que rares, étant
d'une remarquable fécondité, à tel point que, d'après
Guénaud de Montbéliard, collaborateur de Buffon, une
grenouille pond 1300 œufs en une année.

Si les grenouilles n'inspirent beaucoup d'intérêt à
personne, sauf à ceux qui connaissent leur histoire,
elles ne causent pas non plus de répugnance; ce sont des
animaux inoffensifs et universellement reconnus pour
tels, auxquels on n'a jamais reproché que leur cri
rauque et monotone, ou, comme on dit, leur coassement.
Il est même une espèce, la *grenouille verte,* que nous
introduisons sans difficulté dans nos demeures, pour y
faire tant bien que mal l'office de baromètre.

Une autre (qu'à la vérité les naturalistes ne classent

pas parmi les grenouilles proprement dites et qu'ils mettent seulement tout à côté), la *rainette*, caractérisée par la forme de ses doigts, dont les extrémités sont élargies en forme de pelotte, ne manque même pas d'une certaine élégance batracienne. Sa forme est svelte, ses mouvements sont gracieux, et son corps est teint du plus beau vert velouté, couleur adroitement choisie pour que la petite créature, se confondant avec le feuillage des arbres et l'herbe des prairies, échappe à la convoitise des oiseaux carnassiers et des serpents

Grenouille verte.

aussi friands de rainettes que celles-ci le sont d'insectes. Malheureusement la couleur de sa robe paraît lui inspirer une sécurité exagérée, et elle est si peu méfiante, qu'elle se laisse prendre à la main sans aucune difficulté. C'est ce qu'on nomme dans quelques départements la *grenouille d'arbre*, parce qu'en effet elle grimpe aux arbres, et sans doute de branche en branche, avec une agilité d'oiseau, grâce aux pelottes de ses doigts toujours enduites d'un liquide visqueux qui lui permet de s'attacher même à la face intérieure des feuilles. On en a vu grimper le long d'une glace aussi aisément qu'elles marchent sur un sol horizontal.

Moins heureux, les crapauds inspirent une sorte d'horreur. A la vérité, ils n'ont rien d'avenant. Laide couleur, démarche pesante, peau pustuleuse, d'où s'exhale un liquide jaunâtre, hideux, âcre, d'une saveur amère. C'est cette sécrétion qui a valu au crapaud sa laide réputation. Cuvier assure qu'elle

Rainette.

peut tuer les petits animaux, et on dit que les cris perçants que poussent les chiens lorsqu'ils mordent un crapaud, sont provoqués par l'action irritante que ce fluide exerce sur leurs organes buccaux. Quoi qu'il en soit, le crapaud est sans danger pour l'homme; il est même susceptible d'une sorte d'éducation. Ainsi, Pennant en cite un qui avait élu domicilé dans une

maison, sous un escalier. Il ne sortait de sa retraite
que le soir, suivant les habitudes de son espèce, et dès
qu'il apercevait de la lumière dans la salle à manger,
située tout près de là, il s'y rendait, se laissait prendre
à la main et poser sur une table, où on lui donnait des
vers, des mouches et des cloportes. Il semblait même
demander qu'on le mît à sa place habituelle lorsqu'on
tardait trop à le faire. Cela dura pendant trente-six ans,
au bout desquels il mourut non de belle mort, mais
par accident.

Il est rare que ces animaux éprouvent un traitemènt
aussi bienveillant. La plupart de ceux qui se trouvent
sous les pas de l'homme sont voués à la mort : heureux
encore quand elle est prompte. Comme la triste bête
n'a pas l'agilité de la grenouille, dès qu'elle se voit
poursuivie, convaincue de son impuissance à échapper
par la fuite, elle se résigne et s'arrête. Seulement, si on
la frappe, et on la frappe, hélas! elle s'emplit tout le
corps d'air, se fait la plus grosse possible, tend sa
peau et s'entoure d'une sorte de coussin élastique qui
amortit les coups qu'elle reçoit. Il n'est pas besoin de
dire qu'un enfant qui maltraite un crapaud fait une
mauvaise action; mais ce qu'il faut dire, parce qu'on
ne le sait pas assez, c'est que le paysan qui tue un
crapaud fait une mauvaise affaire : c'est comme si ce
paysan introduisait dans ses cultures, je ne sais combien de mouches, de larves, de vers, de chenilles, de
limaces et autres mollusques; car le crapaud s'en
nourrit. Le crapaud est un des auxiliaires de l'homme.

Aussi a-t-on toujours vu les cultivateurs instruits et réfléchis protéger, rechercher et même acheter des crapauds pour les répandre dans leurs champs et même dans leurs jardins. C'est ainsi que le botaniste Knight en entretenait constamment un bon nombre dans ses serres célèbres, où ces animaux défendaient les plantes rares contre les attaques des insectes. En Angleterre, des jardiniers bien avisés les payaient, il y a quelques années, 7 fr. 50 la douzaine. Il parait que nos maraîchers commencent aussi à peupler leurs jardins de ces utiles bêtes; on assure même qu'elles sont devenues l'objet d'un certain commerce. Ceux qui s'y livrent tiennent la marchandise dans de grands tonneaux où ils fourrent à chaque instant les mains et les bras sans redouter, soit dit en passant, le contact de ces amphibiens. Je lis dans un ouvrage du docteur Companyo, qu'ils se vendaient à Paris 2 fr. 50 la douzaine. Dès qu'ils représentent de l'argent, on peut être assuré qu'ils finiront par être bien traités.

Quoi qu'il en soit de la diversité des traitements qu'éprouvent les grenouilles et les crapauds, ils ont cependant quelque chose de commun : c'est qu'on les mange. — On? qui donc? — L'homme. — L'homme sauvage? — Non, l'homme civilisé, le Parisien, par exemple. — Nous savons bien qu'on mange les cuisses de grenouilles en friture, en blanquette et même autrement. Mais les crapauds! — La plupart des cuisses de grenouilles qui figurent sur les marchés de Paris et qui de là passent dans nos cuisines et sur nos tables,

sont des cuisses de crapauds; il faut en prendre son
parti, cela a été rigoureusement constaté par Bory de
Saint-Vincent et par Hippolyte Cloquet. On récoltait
même de leur temps à Auteuil un grand nombre de
crapauds destinés à la poële. Qu'est-ce que cela prouve?
Que le crapaud vaut la grenouille. Quant à celle-ci, rien

Pêche des grenouilles.

de plus facile, en dépit de son agilité, que de s'en emparer; elle donne dans tous les piéges. Le moyen le
plus usité est celui-ci : une petite pelotte de drap rouge
au bout d'un fil sert d'appât; à peine est-il lancé à
l'eau que les grenouilles accourent; une y mord, l'avale,
et se trouve aussitôt prise. On en capture ainsi en
quelques heures des quantités considérables. La nuit,

âux flambeaux, il y faut encore moïns d'industrie; les grenouilles se laissent prendre à la main sans même chercher à s'enfuir.

L'histoire de ces animaux et celle des crapauds sont remplies de choses merveilleuses, et quelquefois aussi de choses douteuses, il faut le dire. Par exemple, qui n'a pas entendu parler de pluies de crapauds et de grenouilles?

J'ai reçu à ce sujet de M. Raphaël Périé, bibliothécaire de la ville de Cahors, une lettre dans laquelle il me rapporte ce qui suit :

« Il y a quelques années, par une chaude journée d'été, je causais avec une de mes parentes auprès d'une croisée basse donnant sur le préau de l'ancien couvent des Chartreux. Le temps était lourd et couvert; quelques larges gouttes de pluie commencèrent à tomber, suivies bientôt d'une grosse averse, mais qui ne dura que quelques instants.

« Tout à coup ma parente de s'écrier : « Ah ! mon « Dieu, la terre est jonchée de petits poissons, vois « comme ils frétillent. » Je m'empresse de sortir pour vérifier la nature de ce phénomène, et, jugez de ma surprise, lorsque sur le pas même de la porte je *vois*, je *touche*, j'*écrase* sous mes pieds des *centaines*, non pas de petits poissons, comme le croyait ma parente; non pas même de petits crapauds, comme je m'en étais douté d'abord; mais de *têtards*, qui sont, comme chacun sait, les petits ou mieux les larves des grenouilles et des crapauds; mais, chose digne de remarque, tandis

4*

que la grenouille et le crapaud, ce dernier surtout, vivent sur terre, le têtard, lui, ne saurait vivre que dans l'eau.

« Aussi tous ceux que j'avais sous les yeux ne vécurent-ils que le temps que la terre mit à boire l'eau demeurée à la surface, et bientôt après leurs dépouilles devinrent la proie d'une douzaine de poules accourues à ce riche banquet improvisé par l'orage. »

Le savant naturaliste M. Pouchet déclare également « avoir eu l'occasion de vérifier en Normandie, que, pendant une pluie d'orage, on voit parfois surgir sur une vaste étendue de terrain une multitude prodigieuse de petits crapauds ou de grenouilles, là où quelques instants auparavant il n'en existait point en apparence. »

M. Pontus, professeur à Cahors, rapporte qu'au mois d'août 1804, il se trouvait dans la diligence d'Albi à Toulouse. On n'était plus qu'à trois lieues du terme du voyage, quand tout à coup un nuage très-épais couvrit l'horizon, et le tonnerre se fit entendre avec éclat. Peu de temps après arrivèrent deux cavaliers venant de Toulouse, et qui racontèrent qu'ils venaient d'essuyer l'orage, et qu'ils avaient été bien surpris, même effrayés, en se voyant assaillis par une pluie de crapauds; quelques-uns de ces animaux étaient encore sur les manteaux des voyageurs. La diligence, ayant continué sa route, eut bientôt atteint le lieu où le nuage avait crevé, « et c'est là, dit M. Pontus, que nous fûmes témoins d'un phénomène bien rare et bien extraordinaire. La grande route et tous les champs qui la

longeaient à droite et à gauche étaient jonchés de crapauds, dont le plus petit avait au moins le volume
de 20 centimètres cubes, et le plus grand près du
double, ce qui me fit conjecturer que ces crapauds
avaient dépassé l'âge d'un ou deux mois. J'en vis
jusqu'à trois ou quatre couches superposées. Les
pieds des chevaux et les roues des voitures en écra-
sèrent plusieurs milliers. Certains voyageurs voulaient
fermer les stores, afin de les empêcher d'entrer dans
la voiture, leurs bonds devaient le faire craindre; je
m'y opposai, et ne discontinuai pas de les observer.
Nous voyageâmes sur ce pavé vivant pendant un quart
d'heure au moins; les chevaux allaient au trot. »

M. Desautiers, médecin à Decize (Nièvre), a raconté
dans une lettre à l'académie des Sciences, et comme
le tenant de la personne même qu'il met en scène,
qu'un ingénieur des ponts et chaussées ayant été
surpris par l'orage, se réfugia dans une maison. La
pluie tombait avec force. Tout à coup cet ingénieur
et les personnes dont il recevait l'hospitalité, virent
plusieurs crapauds tomber par la cheminée dans la
chambre où la société se tenait. L'averse passée, on
sortit; la terre était couverte de crapauds.

Un officier, M. Gayet, rapporte que, marchant à la
tête d'un détachement de cent cinquante hommes,
il fut assailli dans le département du Nord par un
orage qui couvrit ses soldats, et lui-même, d'eau et
de crapauds. Un mouchoir ayant été étendu en l'air,
on y recueillit plusieurs de ces amphibiens, et, après

l'orage, les soldats en trouvèrent encore dans les replis de leurs chapeaux à cornes. Cela se passait en 1794, et nos soldats, qui changent si souvent de coiffures, étaient alors coiffés de la sorte.

Un savant physicien, M. Peltier, étant à Ham, vit tomber une pluie semblable; il en reçut sur son chapeau et sur ses mains.

Enfin, M. Jobard, mort récemment, et qui était directeur du musée de l'Industrie à Bruxelles, reçut lui-même, le 16 juillet 1858, une averse de petits crapauds. Il en envoya quelques-uns à l'Académie où ils arrivèrent vivants, et M. C. Duméril reconnut en eux de jeunes *alytes* récemment métamorphosés.

Je pourrais citer bien d'autres exemples; mais ceux-ci doivent suffire, et je ne les ai même réunis en aussi grand nombre que parce que le fait, malgré tant de témoignages, reste encore un objet de doute.

Il a cependant été connu de tout temps. Mais il en est de même des pierres tombées du ciel, ou aérolithes, dont l'authenticité n'est universellement reconnue que depuis un si petit nombre d'années.

Aristote parle des pluies de crapauds, et Élien raconte qu'allant de Pouzzoles à Naples, il a été témoin du phénomène.

Cependant Théophraste était d'avis que les crapauds ne tombent pas avec la pluie, et que seulement celle-ci les fait sortir de la terre où ils étaient enfouis. De nos jours, MM. H. Cloquet et Defrance ont renouvelé cette explication. Mais il est évident que si elle peut être valable en certains cas, elle ne s'accorde point avec le témoignage de ceux qui, comme M. Raphaël Périé, ont vu la terre couverte de têtards, et qu'elle est formellement contredite par le témoignage de ceux qui, comme MM. Gayet, Peltier et Jobard, déclarent avoir vu de leurs propres yeux des grenouilles et des crapauds tomber avec la pluie.

« Comment, disait M. C. Duméril, partisan de l'explication de Théophraste, comment convaincre par des négations et des raisonnements des personnes qui affirment avoir vu ! »

Mais n'est-ce pas intervertir étrangement les rôles, que d'exiger que les témoins nombreux, désintéressés, éclairés, d'un fait, se laissent convaincre de la non-réalité de ce fait par ceux qui n'en parlent que sur ouï-dire ? Telle a été pendant bien longtemps, à propos des pierres tombées du ciel, la prétention de très-savants hommes qui s'imaginaient savoir ce qui est possible et ce qui ne l'est pas. Et la faute qu'ils ont commise devrait engager à moins de présomption et à plus de prudence dans les circonstances analogues.

Cependant, s'il pleut vraiment des crapauds et des grenouilles, comment expliquer le fait ? D'une façon très-simple, par l'action des trombes, qui, comme on le sait, enlèvent souvent, avec de très-grandes colonnes d'eau, des corps de toutes sortes empruntés aux étangs et aux marécages qu'elles mettent parfois à sec. Pourquoi n'emporteraient-elles pas des crapauds et des grenouilles à l'état parfait ou sous forme de têtards? Le 8 juillet 1833, une trombe qui s'était formée sur la mer à la pointe de Pausilippe, près de Naples, fit irruption sur le rivage, et vida complétement deux grandes corbeilles pleines d'oranges ; quelques instants après et à une assez grande distance de là, une jeune fille qui se tenait sur une terrasse vit une pluie d'oranges tomber autour d'elle, phénomène beaucoup plus gracieux assurément qu'une pluie de grenouilles et de crapauds, mais plus étonnant encore, puisque les oranges sont bien plus volumineuses et bien plus lourdes que ceux de ces animaux qu'on a vus figurer dans les pluies d'orage. M. Daguin, professeur de physique à Toulouse, fait même observer avec raison que les trombes doivent enlever des crapauds et des grenouilles de préférence à une multitude d'autres objets, en raison de la conductibilité électrique de ces animaux. Ce qui n'empêche pas, bien entendu, que l'apparition subite d'un grand nombre de ceux-ci ne puisse être due en certaines circonstances à l'action de la pluie qui les ferait sortir des fissures du sol.

Voici, du reste, un fait qui confirme l'explication présente. Mauduit déclare avoir observé dans le pays de Caux, le 13 septembre 1835, une trombe qui enleva toute l'eau d'une mare avec les poissons qui y vivaient. « Or, dit un auteur qu'on ne contredira pas, ces animaux ont dû retomber tôt ou tard et former quelque part une pluie de poissons. »

Le fait nous paraît donc incontestable ; cependant suspendons notre jugement, je le veux bien, mais gardons-nous de nier, et disons au moins avec Arago, qui eût été bien plus explicite s'il eût connu tous les faits qu'on vient de rapporter : « C'est un phénomène qu'on devra étudier avec soin quand l'occasion s'en présentera. »

Un autre fait, non moins remarquable et même plus remarquable encore, de l'histoire des crapauds, est celui-ci : Ils ont besoin d'une si petite quantité d'air pour vivre et sont capables de supporter de si longs jeûnes, qu'ils peuvent, sans perdre la vie, rester enfermés pendant des mois et pendant des années dans des blocs de pierre et même dans du plâtre gâché et moulé sur leur corps et solidifié autour d'eux.

On raconte des choses beaucoup plus fortes. On dit en avoir trouvé dans des troncs d'arbre où ils auraient été emprisonnés pendant des centaines d'années, et jusque dans des pierres enfoncées naturellement à de grandes profondeurs dans un sol vierge, ce qui leur assignerait un âge véritablement prodigieux.

C'est ainsi qu'au mois de juillet de l'année 1851, la Société des sciences, arts et belles-lettres de Blois députa à Paris un de ses membres, M. Morin, chargé par elle de mettre sous les yeux de l'Académie des sciences un fragment de silex dans lequel on avait trouvé un crapaud vivant.

Ils avaient été rencontrés l'un contenant l'autre, à Blois, le 23 juin de l'année susdite, en creusant un puits, à une profondeur d'environ vingt mètres. Le silex avait un volume plus considérable que les autres

cailloux roulés formant la couche de terrain, et on eut
même de la peine à le retirer du seau qui servait à
monter les matériaux.

Or on assure que l'animal était logé dans une cavité
que présentait l'intérieur de la pierre. Un coup de
pioche ouvrit sa prison, toute tapissée par un calcaire
qui semblait moulé sur le corps du crapaud.

Une commission composée de MM. Élie de Beau-
mont, Flourens, Milne-Edwards et Duméril fut chargée
de donner son avis sur la communication de M. Morin.
Le rapport fut fait par M. Duméril, un rapport sérieux
où toutes les circonstances du phénomène sont décrites
avec soin. Aucune supercherie ne fut signalée; certains
détails assez minutieux sembleraient même attester la
réalité du fait, et les commissaires écrivent : « qu'ils
doivent regarder la découverte comme très-avérée. »
Enfin « ils croient et déclarent le fait assez intéressant
pour demander qu'il soit consigné dans les *Comptes
rendus*. Cependant la commission, dans l'impossibilité
de donner aucune « interprétation plausible », décline
pour son rapport l'honneur de l'approbation de l'Académie.

C'est donc un fait à mettre en quarantaine, c'est-à-
dire qu'on doit, jusqu'à nouvel ordre, s'abstenir de le
faire entrer en ligne de compte dans les raisonnements
auxquels on pourra se livrer sur la résistance vitale
des crapauds et de quelques autres animaux.

Voici, au contraire, des faits indéniables, moins merveilleux sans doute, mais bien remarquables encore.

Quelques mois après qu'il eut été question de ce crapaud trouvé à Blois, un ingénieur célèbre, membre correspondant de l'Académie des sciences, M. Seguin aîné, neveu des illustres frères Montgolfier qui sont les inventeurs des ballons, entretint l'Académie d'expériences faites par lui un certain nombre d'années auparavant sur les animaux qui nous occupent.

Il avait été conduit à instituer ces expériences par un article de la *Bibliothèque britannique* où il était question de crapauds trouvés vivants dans des troncs d'arbre et dans des roches de diverse nature. Voulant savoir à quoi s'en tenir sur un fait aussi singulier, il plaça une dizaine de crapauds les uns dans des vases de terre de quinze à vingt centimètres de hauteur, d'autres dans des débris d'arrosoirs en fer-blanc, en les enveloppant de plâtre gâché très-dur. « Plusieurs d'entre eux, dit l'auteur, ne se prêtèrent pas à cette opération, firent des mouvements pour se débarrasser, et je vis le bout de leurs pattes ou de leur museau sortir du plâtre, que je recouvris le mieux que je pus. »

Plusieurs mois après, M. Seguin visita tous les vases; quelques-uns répandaient une odeur putride. Il brisa le plâtre de plusieurs; les crapauds étaient morts. Enfin il en trouva un vivant. Il résolut alors de conserver les autres pendant un certain nombre d'années.

« L'opinion dans ma maison, écrivait-il en 1851, est qu'ils y restèrent dix ans; au bout de ce temps présumé, mais *qui n'a pas été moins de cinq à six ans*, je rompis le plâtre, qui était très-dur, et je trouvai, dans un des pots, un crapaud en parfait état de santé : le plâtre était exactement moulé sur lui, et il en remplissait toute la cavité. Au moment où je brisai le plâtre, il s'élança pour sortir de son étroite prison ; mais il fut retenu par une de ses pattes qui restait engagée. Je brisai cette partie de plâtre, et l'animal s'élança à terre, et *reprit ses mouvements habituels*, comme s'il n'y avait eu aucune interruption dans son mode d'existence. »

Ces expériences ne sont pas les premières qui aient été faites sur cet intéressant sujet. Ainsi, en 1817, W. Edwards, ayant enfermé des crapauds dans du plâtre, s'assura qu'ils pouvaient y vivre un grand nombre de jours. En 1777, Hérissant, ayant procédé de même, avait reconnu que de trois crapauds mis en expérience, deux vivaient encore au bout de dix-huit mois. Les boîtes qui les contenaient avaient été déposées à l'Académie des sciences. Mais, comme on le voit, les expériences de M. Seguin prouvent plus que celles de ses prédécesseurs, et c'est pourquoi nous ne nous arrêtons pas à celles-ci.

Il en est cependant qui méritent d'être rapportées, parce qu'elles jettent du jour sur cet intéressant sujet. Elles ont pour auteur un des plus célèbres géologues de l'Angleterre, M. Buckland, et furent faites en 1825.

Dans un bloc d'un calcaire perméable à l'eau et à l'air, et dans un bloc de grès siliceux imperméable, l'expérimentateur fit creuser plusieurs niches étroites profondes de 33 centimètres, dans chacune desquelles on plaça un crapaud après l'avoir pesé ; puis, ayant fermé les loges au moyen de plaques de verre soigneusement lutées, on enterra les blocs à un mètre de profondeur.

Un an après, tous les crapauds du grès étaient morts, et ils l'étaient probablement depuis longtemps déjà, vu leur degré d'altération.

Au contraire, presque tous ceux du calcaire poreux étaient en vie; quelques-uns avaient diminué de poids, d'autres avaient augmenté: ce qui fit penser que des insectes avaient pu s'insinuer dans les niches par des fractions du verre.

D'après cela, il paraît que si très-peu d'air suffit pour entretenir la vie des crapauds, ce peu est nécessaire, et le succès obtenu par Hérissant, W. Edwards et M. Seguin s'explique par la porosité du plâtre employé dans leurs expériences.

Il faut dire cependant que, l'expérience de M. Buckland ayant été continuée, tous les crapauds placés dans le calcaire poreux moururent dans le cours de la seconde année. Est-ce donc que ce calcaire fut moins perméable à l'air que le plâtre? Ne serait-ce pas que tout n'est pas dit sur cette question?

Il faut remarquer que les crapauds et les grenouilles sont soumis à ce qu'on nomme le sommeil hibernal, c'est-à-dire qu'ils s'endorment pendant l'hiver et passent toute cette saison dans un état de mort apparente, les grenouilles enfoncées dans la vase des marais, et les crapauds blottis plusieurs ensemble dans des trous où on les trouve parfois en compagnie de serpents.

De là l'erreur de Pline, qui, pour expliquer la disparition et la réapparition alternative et périodique des grenouilles, dit qu'elles se dissolvent pendant l'hiver en limon, et qu'elles renaissent de celui-ci aux approches du printemps. Et de là aussi ce vers d'Ovide :

> Semina limus habet virides generantia ranas.

Crapauds et grenouilles sont ranimés par la chaleur. Ce qui leur arrive dans les expériences de M. Seguin, et dans les expériences analogues, est donc à peu près, et sauf la durée de la réclusion, ce qui leur arrive tous les ans selon l'ordre de la nature.

Mais nous allons de plus fort en plus fort.

Après ce qu'on vient de voir de l'effet du froid sur ces animaux, on ne s'étonnera pas d'apprendre qu'on puisse les engourdir en les soumettant à un froid artificiel ; ce qu'on ne devinerait pas, c'est jusqu'où peut être poussée impunément l'action de cet agent sur ces animaux ; on pourrait aller jusqu'à les faire geler, d'après les expériences faites par M. A. Duméril sur des grenouilles placées dans un vase, au milieu d'un mélange réfrigérant.

Dès que sa température est descendue à un degré au-dessous de zéro, et même un peu auparavant, l'animal est dans une immobilité complète ; ses membres

,sont devenus rigides, sa peau a la dureté du bois, les mouvements respiratoires sont nuls ; les yeux, recouverts par les paupières, n'ont plus la saillie habituelle.

Une de ces grenouilles fut ouverte ; tous les liquides intérieurs étaient gelés, l'intestin était dur, ainsi que le foie, devenu d'un rouge noirâtre, et le cœur, distendu, immobile au milieu d'une mince enveloppe de glace.

Eh bien, deux observations ont montré à M. Duméril que la mort n'est pas nécessairement amenée par cette congélation.

Ainsi, une grenouille dont la rigidité était complète après un séjour de deux heures dans une atmosphère à 12°, fut mise en contact d'abord avec de l'eau à 5° au-dessus de zéro qu'on versa sur elle avec précaution, par petites quantités à la fois, ensuite avec de l'eau de moins en moins froide. Il y avait quinze minutes que l'immobilité était complète, quand, la roideur des membres et du tronc ayant disparu, de faibles mouvements se remarquèrent dans le train postérieur, très-rares d'abord et ensuite de plus en plus fréquents ; enfin, on distingua les contractions régulières du cœur ; au bout d'une heure la grenouille mangeait avec facilité.

Isidore Geoffroy a fait des expériences analogues sur les crapauds ; il dit les avoir totalement congelés, puis rappelés à la vie en les réchauffant graduellement.

A défaut des récits des expérimentateurs, nous aurions ceux des voyageurs, et d'après ceux-ci l'analogue de ce que nous produisons artificiellèment dans nos laboratoires s'opère de soi-même dans la nature. Hearne, durant son voyage à la mer Glaciale, rencontra souvent, dit-il, des grenouilles complétement gelées, gisant sous la mousse, et d'une telle rigidité, que leurs pattes se cassaient comme des baguettes de verre sans que ces animaux donnassent aucun signe de vie ; cependant les grenouilles se ranimaient dès qu'on les exposait à une douce chaleur.

Mais ne faisons ni les crapauds ni les grenouilles plus intéressants qu'ils ne sont. Cette prodigieuse résistance vitale n'est pas le privilége de ces animaux ; une multitude d'autres en jouissent. Un célèbre anatomiste, N. Rudolphi, a vu des vers intestinaux reprendre toute leur vivacité après huit jours de congélation. Blumenbach a vu des larves d'insectes si complétement gelées qu'elles résonnaient comme des morceaux de glace quand on les laissait tomber par terre, et qui n'en ont pas moins continué de se développer. M. le professeur N. Joly (de Toulouse) a fait des expériences semblables sur les *chenilles procession-naires du pin* soumises par lui à un froid de dix-huit degrés sous zéro, et qui, lentement approchées d'un foyer, reprirent la vie et leurs mouvements accoutumés. Des insectes peuvent être gelés à plusieurs reprises, et chaque fois recouvrer la vie; le même phénomène s'observe sur certains poissons. Ainsi, par un jour de grand froid, M. William Rummel (de Jersey), ayant pris un certain nombre de perches, celles-ci furent complétement gelées ; il les laissa dans la neige pendant trois semaines, et les mit ensuite dans un baquet où il versa de l'eau de puits ; vingt-deux perches sur trente se mirent bientôt à nager. Une observation du professeur Hubbard, dans l'*American Journal,* confirme celle qui précède ; ce sont encore des perches qui en font les frais. Ces perches, jetées pêle-mêle dans un panier, étaient si bien gelées, qu'elles étaient collées les unes aux autres, et qu'on ne pouvait les séparer sans casser leurs nageoires et leurs queues ; elles restèrent une heure et demie en cet état. M. Hubbard, ne doutant pas qu'elles ne fussent mortes, les mit dans de l'eau de puits pour les faire dégeler. Au bout de quelques minutes les perches nageaient dans le baquet. Enfin M. C. Duméril, et avant lui Maupertuis, ont fait sur les salamandres, animaux voisins des grenouilles et des crapauds, et dont il sera question tout à l'heure, des expériences identiques à celles d'Isidore Geoffroy-Saint-Hilaire et de M. A. Duméril sur ces derniers animaux, et elles ont donné les mêmes résultats [1].

Peut-être plus d'un lecteur ne savait-il pas que l'histoire des humbles animaux auxquels ce chapitre est consacré, renfermât tant de faits curieux. Ne jugeons pas sur l'apparence, comme dit la Fontaine. Cependant je n'ai pas encore raconté le principal.

[1] Tous ces faits sont remis en question par les récentes observations communiquées par M. le professeur Pouchet, de Rouen, à l'Académie des sciences. D'après le savant expérimentateur tout animal gelé est un animal mort.

Les œufs des grenouilles et des crapauds sont le plus souvent enveloppés d'une gelée transparente et visqueuse, et abandonnés dans l'eau aussitôt que pondus.

Je dis le plus souvent, parce qu'il y a des exceptions. Et j'ai déjà cité le *pipa*, genre dans lequel la femelle porte ses œufs sur son dos, qui se creuse, tout exprès pour les recevoir, des cavités dont les petits ne sortent que lorsque leur développement est achevé.

Nous avons, en outre, en France, où elle est fort commune, une espèce, le *crapaud accoucheur*, dans laquelle le mâle, après avoir aidé la femelle à se débarrasser de ses œufs, qui sont au nombre d'un demi-cent et plus, et que la gelée dont ils sont enveloppés réunit en deux longs cordons, attache ces chapelets à ses propres cuisses et les porte partout avec lui. C'est un animal tout à fait terrestre. Quand l'instinct l'avertit que le moment en est venu, il dépose son précieux chargement dans une mare ; l'enveloppe des œufs se déchire, et il en sort... non point un crapaud, mais ce qui sort habituellement des œufs de crapauds et de grenouilles, un animal si différent de ceux-ci, qu'on n'eût jamais imaginé qu'il pût y avoir entre eux aucun lien de parenté.

Vous n'êtes pas sans avoir vu fréquemment dans les mares, où ils abondent à certaines époques de l'année, ces petits du crapaud et de la grenouille : une sorte de boule noire ou grise, terminée par une longue queue comprimée, le tout fretillant et nageant avec facilité ; c'est le *têtard*.

Les père et mère ont quatre pattes ; — leur petit n'en a pas.

Ils n'ont pas de queue ; — il en a une fort longue.

Ils ont des yeux ; — il est aveugle.

Ils ont une très-grande bouche ; — sa bouche n'est qu'un petit trou.

Ils sont terrestres autant qu'aquatiques, quand ils ne sont pas exclusivement terrestres ; — il est exclusivement aquatique.

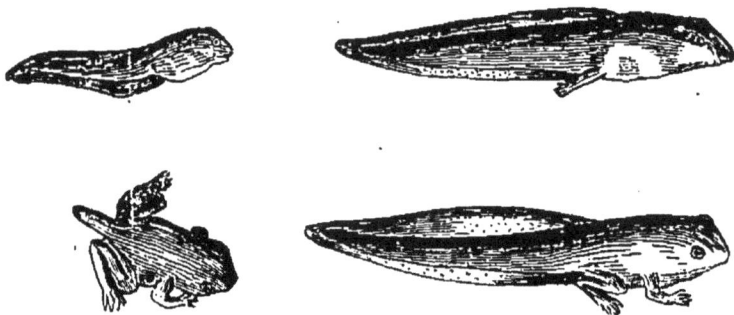

Les quatre états du têtard de la grenouille.

Ils sont carnassiers ; — il est herbivore.

Ils ont un intestin très-court ; — il a un intestin très-long.

Ils respirent dans l'air au moyen de poumons, comme les reptiles, les oiseaux et les mammifères ; — il respire dans l'eau au moyen de branchies comme les poissons.

Ils ont un cœur de reptile ; — il a un cœur de poisson.

En un mot, la grenouille et le crapaud sont des reptiles, le têtard est un poisson. La grenouille et le crapaud, reptiles, donnent naissance à un poisson, et ce poisson, montant en grade, finit par devenir un reptile.

Chose aussi remarquable que si un petit serpent sortait d'un œuf de poule, et que, de changements en changements, ce petit serpent finît par devenir un petit coq. J'ai déjà employé cette comparaison; il faut qu'elle se grave dans l'esprit.

Le têtard lui-même n'est pas un têtard parfait dès le moment où il sort de l'œuf, et, tout en se comportant comme un animal à qui rien ne manque, il se complète peu à peu.

Sa queue, d'abord petite, s'allonge et s'élève beaucoup dans les jours suivants.

Sa bouche, qui n'est qu'un petit trou, grandit, et ses lèvres se recouvrent d'une sorte de bec corné à l'aide duquel le têtard attaque les végétaux dont il fait sa nourriture.

Petit à petit aussi, ses yeux se dessinent à travers la peau.

Ses branchies ne sont, au commencement, qu'un tubercule placé de chaque côté et à la partie postérieure de la tête; elles s'allongent, se divisent en lanières et flottent dans l'eau ambiante. En même temps une fente transversale se montre sous le cou, de manière à former une espèce d'opercule membraneux. Un peu plus tard, les branchies se ramifient encore.

Mais cet état lui-même ne dure pas longtemps, et le têtard, qui avait jusqu'ici les branchies extérieures, va s'en débarrasser et les remplacer par des branchies internes.

Au bout de quelques jours, en effet, les franges branchiales qui flottaient de chaque côté du cou, disparaissent, et la respiration se fait dès lors par de petites houppes vasculaires, fixées le long de quatre arcs cartilagineux situés sous la gorge, et qui appartiennent à l'hyoïde. Ces nouvelles branchies sont enveloppées par une tunique membraneuse, recouverte elle-même par la peau. L'eau leur arrive par la bouche en passant par l'intervalle que les arceaux cartilagineux laissent entre eux, et sort par les fentes que nous avons vues se former. Dès lors, suivant les expressions de M. Milne-Edwards, « l'appareil respiratoire du têtard présente la plus exacte ressemblance avec celui du poisson. »

Et aussi le têtard est désormais achevé; mais à peine son développement est-il entier, que la métamorphose commence.

En effet, quelque temps après que se sont produits les phénomènes qui précèdent, les pattes postérieures se montrent; elles se développent petit à petit, et déjà elles sont assez grandes, qu'on ne voit pas encore les pattes antérieures.

C'est que celles-ci se forment sous la peau, qu'elles finissent par percer.

Vers l'époque où les membres de derrière paraissent, le bec corné qui recouvrait les lèvres tombe, et laisse les mâchoires à nu.

Et puis la queue commence à se rétrécir, à s'atrophier.

Pendant ce temps-là, les poumons se développent; et à mesure qu'ils deviennent plus propres à remplir leurs fonctions, les branchies deviennent moins propres aux leurs. Elles se flétrissent peu à peu, et disparaissent le jour où l'activité des poumons est devenue telle, qu'elles ne servent plus à rien. Quant aux arcs cartilagineux qui les portaient, ils sont eux-mêmes en partie résorbés.

Enfin la queue disparaît complétement.

Alors le petit animal a la forme qu'il doit conserver : c'est un crapaud, ou c'est une grenouille. Avec sa forme son régime a changé; il est devenu carnivore d'herbivore qu'il était, et son canal intestinal, qui était long, mince et contourné en spirale, est maintenant presque droit. Enfin, avec sa forme, son organisation et son régime, ses habitudes se modifient, et tandis qu'il ne pouvait vivre que dans l'eau, il passe maintenant à volonté d'un élément à l'autre, si même, comme le crapaud accoucheur, il ne se fixe tout à fait à terre.

Telles sont les métamorphoses du crapaud et de la grenouille, ou, comme on dit encore, des batraciens.

On prétend qu'un crapaud, nommé sonnant parce que son coassement imite le son d'un timbre, et qui a l'habitude de se coucher sur le dos quand on le frappe, reste pendant quatre ans à l'état de têtard. Nous avons vu qu'au contraire le pipa ne vit pas sous cette forme, et d'après une observation rapportée dans notre introduction, il paraîtrait que dans certaines circonstances le crapaud ordinaire peut sortir de l'œuf sous sa forme parfaite. Ces exceptions concourent à rendre plus intime et plus frappante l'étroite analogie des métamorphoses avec les phénomènes embryogéniques ordinaires, et elles nous prouvent que le sens de ces derniers n'est pas différent de celui des premiers. C'est pour cela que nous avons cité ces exceptions et que nous les rappelons ici.

En résumé :

Les grenouilles et les crapauds, pour s'élever à leur état définitif, passent par un état inférieur qui est l'état permanent de toute une classe d'animaux; ils sont poissons avant d'être reptiles.

Ajoutons, ce qu'il est important de savoir, que diverses circonstances — on s'en est assuré par l'expérience, — peuvent prolonger ou abréger considérablement la durée de l'état du têtard; et telles sont en particulier le défaut ou l'excès de la lumière et de la chaleur.

LES SALAMANDRES.

Bien qu'il n'entre pas dans notre plan de décrire tous les animaux compris dans cette remarquable classe des amphibiens, nous ne pouvons nous dispenser de parler des salamandres.

Quoiqu'elles soient moins nombreuses que les ani-

maux qui viennent de nous occuper, il est sans doute
bien peu de nos lecteurs qui ne les connaissent. On a
vu dans les mares des animaux qui ont la forme de
lézards, et peut-être aura-t-on cru que c'en étaient.
Ces prétendus lézards sont des salamandres. Mais toutes
n'habitent pas les eaux; il y en a qui n'y vont guère
que pour y déposer leurs petits. Terrestres ou aquatiques, elles ont les mêmes formes que le reptile
qu'on vient de nommer. Mais leur tête est aplatie et leur
corps nu. Les *salamandres terrestres* ont la queue
conique et point de palmatures aux doigts; les *salamandres aquatiques*, qu'on nomme aussi *tritons*, ont
la queue comprimée, les pattes postérieures palmées,
et de plus, le mâle porte le long du dos une crête dé-
coupée en festons.

Les petits des salamandres éclosent avant la ponte,
c'est-à-dire qu'ils naissent vivants; l'espèce est ovipare,
mais ils n'ont pas, au sortir de l'œuf, la forme de l'adulte,
et ils ne la prennent qu'au prix de métamorphoses.

Le têtard de la salamandre n'a point de pattes, tandis
que la salamandre en a; il respire par des branchies
extérieures en forme de houppes, au nombre de trois
de chaque côté du cou, tandis que la salamandre respire par des poumons. Contrairement à ce que nous
avons vu chez les animaux précédents, ce sont ici les
membres antérieurs qui apparaissent les premiers;
enfin, tandis que les têtards de crapauds et de grenouilles perdent leur queue, ceux des salamandres
conservent la leur.

Les anciens ont fait sur les salamandres les contes les plus ridicules. Ils ont dit qu'elles étaient incombustibles, et que non-seulement la flamme était sans effet sur elles, mais encore qu'elles l'éteignaient. Les modernes ont cru tout cela; on a même vu chez nous un temps où l'on vendait des salamandres comme propres à éteindre les incendies. La manière de s'en servir était tout simplement de jeter l'animal dans la maison embrasée. On expliquait ce prodige par un autre, en disant que la salamandre est fille du feu. Il n'est plus nécessaire aujourd'hui de dire qu'il n'y a pas un mot de vrai dans tout cela. Ce qui a pu former le point de départ de la fable, c'est que la salamandre a la faculté de faire sortir de toute la surface de son corps une humeur blanchâtre d'une odeur forte, qui lui sert probablement de moyen de défense, et que, lorsqu'on a fait la cruelle expérience de jeter ce pauvre animal sur des charbons ardents, le liquide devient si abondant, qu'il semble pendant quelques instants la garantir de l'action du feu. Mais bientôt la sécrétion cesse, et la salamandre périt dans d'horribles convulsions.

Du reste, l'histoire des salamandres est remplie de faits assez extraordinaires pour que l'imagination, même la plus difficile à satisfaire, puisse se dispenser d'y rien ajouter.

S'il n'est pas vrai que cet amphibien résiste au feu, on a vu ci-dessus qu'il résiste à de très-grands froids. Il y a des exemples de tritons renfermés dans des blocs de glaces, qui se sont ranimés après la fusion de ces blocs.

Les salamandres, tant les terrestres que les aquatiques, ont une autre propriété que peut-être on jugera plus merveilleuse encore : celle de résister aux mutilations les plus graves, et même de remplacer très-rapidement les parties qu'on leur enlève.

On leur ampute la queue : elle repousse ; les membres : ils repoussent. Les os, les vaisseaux, les muscles, les nerfs, chaque chose est à sa place dans l'organe nouveau, si parfaitement conformé qu'il remplit toutes les fonctions de l'organe qu'il remplace.

Un très-célèbre naturaliste, un Genevois, Charles Bonnet, a quatre fois de suite privé une salamandre du même membre, reproduit après la quatrième ablation comme après les autres.

Il enleva un œil à un triton ; un an après, un autre œil avait repoussé.

M. C. Duméril a fait la terrible expérience que voici. Avec des ciseaux, il a enlevé les trois quarts antérieurs de la tête d'un triton, qui perdit du même coup l'odorat, les yeux, les oreilles et la langue ; il ne lui restait plus que le toucher. L'animal continua de vivre ; il vécut trois mois ; encore sa mort fut-elle causée par le défaut de soins. Cependant cette énorme plaie s'était cicatrisée, mais la cicatrice avait fermé le nez et la bouche ; le triton ne pouvait donc plus ni manger, ni respirer par les voies ordinaires ; l'absorption ne se faisait plus que par la peau ; cependant, comme je l'ai dit, il vécut trois mois !

Nos salamandres sont de la grosseur du doigt; le Japon en possède une de près d'un mètre de long et qui pèse plus de 9 kilogrammes. L'illustre voyageur hollandais de Sieboldt nous l'a fait connaître; le muséum d'Histoire naturelle en possède un exemplaire vivant depuis l'année 1859. On la voit dans la ménagerie des reptiles non loin de l'axolotl et du lépidosiren, immobile, repliée sur elle-même, aplatie au fond d'un baquet trop étroit, qui renferme une petite quantité d'eau et où le jour n'arrive que par un trou treillagé, percé dans le couvercle. Elle est horrible : la peau du crapaud est de satin en comparaison de la sienne. Elle avait 79 centimètres de long lorsqu'elle arriva à Paris. Sieboldt nous apprend que cette espèce vit à des hauteurs de 14 à 1700 mètres au-dessus du niveau de la mer, dans des lacs formés par les eaux pluviales au milieu des cratères de volcans éteints.

On peut, en raison de sa taille, la regarder comme un témoin attardé de ces antiques époques où les êtres vivants atteignaient si communément des dimensions gigantesques. C'est une proche parente de cette grande salamandre fossile d'Œningen devenue si fameuse par suite de la méprise à laquelle donna lieu son squelette trouvé dans les schistes de la localité susdite, et des discussions qui s'ensuivirent. Scheuchzer prit les os pétrifiés de l'amphibien pour des os humains, et le décrivit sous le nom d'*homme témoin du déluge (homo diluvii testis)*. Cela rappelle ces ossements d'éléphants qu'on prit pour des os de géants, voire même pour les

5*

restes du roi cimbre Teutobochus vaincu par Marius.
C'était l'âge d'innocence de l'anatomie. La véritable
nature du fossile d'Œningen, soupçonnée par Camper,
fut démontrée par Cuvier.

A PROPOS D'UN ANIMAL DOUTEUX.

Je ne quitterai pas les amphibiens sans parler d'une
étrange découverte dont M. le vicomte O. de Thoron a
récemment entretenu l'Académie des sciences.

C'était en 1861, au mois de mai, dans l'océan Paci-
fique, à sept ou huit milles du continent américain, par
1° 49' de latitude septentrionale.

Tout à coup, du *fond de l'océan* s'élève un animal
effrayant qui vient se placer à côté de la baleinière.

Il a des bras d'homme; seulement ses bras sont plus
longs que les nôtres : 1 mètre 50. Ils sont blancs,
très-grêles, terminés par de petites mains recourbées
dont la couleur rappelle celle du vieux parchemin. Son
œil est limpide, expressif, scrutateur et fort doux (je
suis presque fâché de le dire, ce détail pouvant nuire
à l'effet). « Sa bouche a toute l'amplitude de la tête, »
dit l'auteur, et c'est à peu près comme s'il disait
qu'elle est ouverte jusqu'aux oreilles. Mais cette tête !
quelle tête ! prodigieusement large et prodigieusement
plate, elle est de forme triangulaire, et sa base (le cou
est absent) s'étend d'une épaule à l'autre.

« C'est la *manta !* s'écria le pilote ; si elle saisit l'embarcation, coupez-la-lui » (la main).

C'est bien ce que comptait faire M. le vicomte de Thoron, qui, debout, attendait, le sabre levé. La *manta* le regardait.

J'ai oublié de dire que l'animal est long de trois mètres, large de quatre pieds et épais de quelques centimètres seulement (ce mélange du duodécimal et du décimal est du fait du narrateur), et qu'il est tout blanc, avec quelques mouchetures sur la ligne médiane du dos, et sans apparence de poils.

Elle regardait donc le vicomte de cet œil scrutateur et fort doux que nous lui connaissons ; l'un de ses bras était étendu sur la mer, elle tenait l'autre élevé au-dessus de l'eau.

Enfin, après avoir regardé pendant deux minutes et demie, ayant sans doute vu tout ce qu'elle voulait voir, la *manta* « coula à fond, sans faire aucun mouvement. »

Ayant eu l'honneur de recevoir la visite de M. de Thoron, j'ai naturellement causé avec lui de cette rare trouvaille. D'après M. de Thoron, la *manta* ne serait autre chose qu'un batracien de taille gigantesque, une espèce de grenouille longue de trois mètres !

Il est de règle en matière scientifique qu'aucune observation, si honorable et si éclairé qu'en soit l'auteur, ne soit regardée comme définitive qu'après avoir été contrôlée. En application de cette règle, la *manta* ne pourra être admise qu'après qu'elle aura été revue.

· Mais s'il faut se garder de tout croire, on doit avec non moins de soin prendre garde de s'imaginer qu'on n'a plus grand'chose à apprendre, et s'abstenir de considérer comme impossibles les choses qui s'écartent trop fortement de celles qui nous sont familières. Le scepticisme outré n'est pas moins préjudiciable aux progrès des sciences qu'une confiance aveugle.

LES POISSONS

Malgré les nombreux travaux dont ils ont été l'objet, les poissons doivent être rangés parmi les animaux les plus mal connus; ce qui vient des difficultés que le milieu qu'ils habitent oppose aux observations. Mais la création des aquariums et des viviers d'expérimentation, fera cesser cette situation à l'égard d'un grand nombre des êtres que renferme cette classe.

Nous en savons du moins assez pour ne pouvoir mettre en doute la richesse de la mine qui nous reste à exploiter, et pour être convaincus que les instincts des poissons sont plus variés, plus développés, et que leur existence est infiniment moins uniforme qu'on n'est généralement porté à le croire.

Qui se fût attendu, par exemple, à les voir déployer dans l'édification d'un nid une industrie égale à celle des oiseaux, si admirés sous ce rapport et en effet si admirables? C'est cependant ce que font plusieurs poissons, et c'est ce que fait en particulier l'épinoche, si commun dans nos cours d'eau. Nous devons la révélation de ce piquant trait de mœurs à un de nos savants les plus distingués, M. F. Lecoq, aujourd'hui inspecteur général des écoles vétérinaires. Et ce qui ne peut qu'ajouter à l'intérêt de la découverte, c'est que l'auteur avait douze ans lorsqu'il la fit.

On prétend même que quelques poissons ne sont pas incapables d'un certain attachement pour l'homme et

Nidification de l'épinoche.

de sentiments de reconnaissance ; c'est du moins ce que prouverait, si elle est authentique, l'anecdote suivante que je trouve consignée dans un ancien recueil, et qui est assez peu connue pour qu'il y ait intérêt à la rapporter.

Le docteur Warwick, demeurant au château de
Durham en Angleterre, se promenait un soir dans le
parc. S'étant approché d'un vivier, il vit un gros
brochet qui s'enfuit à son aspect. Dans ce brusque
mouvement de retraite le poisson donna de la tête contre
un clou à crochet fiché dans un poteau, et si violem-
ment, qu'il se fractura le crâne.

La douleur fut poignante, à en juger par les mouvements désordonnés du brochet. D'abord il s'enfonça
brusquement jusqu'au fond de l'eau, fourra sa tête dans
la vase, puis tourna sur lui-même avec tant de rapidité,
qu'il devint un moment invisible ; ensuite il se mit à
courir de çà et de là ; enfin il s'élança hors de l'eau,
et vint échouer sur le bord de l'étang.

M. Warwick, que cette scène avait impressionné,
s'approcha du malheureux poisson, et constata qu'une
partie du cerveau faisait hernie hors du crâne entr'ouvert. Ayant soulevé, à l'aide d'un cure-dent en argent,
la portion déprimée du crâne, il remit le cerveau en
place. Le blessé resta immobile pendant l'opération,
et quelques instants encore après; ensuite le docteur
le remit dans l'étang.

Le brochet paraissait soulagé ; cependant il ne tarda
pas à s'agiter de nouveau, si bien qu'une seconde fois
il sauta hors de l'eau. M. Warwick s'en approcha encore, reprit l'examen de la plaie, compléta le panse-
ment, remit le malade dans son élément, et retourna
au château.

Mais le lendemain matin, la curiosité le ramena près

de l'étang. C'est ici que l'histoire devient invraisemblable. Le poisson, l'ayant aperçu, le reconnut appa-
remment ; car aussitôt il s'approcha du bord, et si
près du docteur, que sa tête touchait presque les pieds
de celui-ci. Saisi du plus vif intérêt pour un brochet
doué de tant de mémoire et de reconnaissance,
M. Warwick examina le crâne, ce qu'il put faire à
loisir, et reconnut que tout allait bien. Il se promena
ensuite sur le bord de l'étang, et tant que dura cette

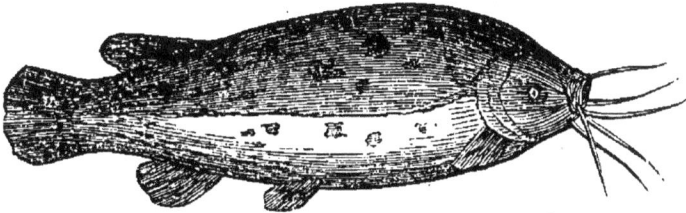

Le silure électrique.

promenade, le brochet ne cessa de nager près de lui,
revenant sur sa route quand le docteur revenait sur
ses pas ; mais, ajoute celui-ci, comme la pauvre bête
était devenue borgne par suite de son accident de la
veille, elle montrait de l'agitation chaque fois qu'ayant
son mauvais œil du côté du rivage, elle ne pouvait
voir son bienfaiteur.

A partir de ce jour, M. Warwick ne put s'approcher
de l'étang sans que le brochet vînt à lui ; il appelait
le poisson en sifflant, et le poisson répondait à l'appel.
Mais celui-ci conserva sa sauvagerie naturelle envers
toutes les autres personnes.

On sait que certains poissons sont, dans toute l'accep-

tion du terme, de véritables machines électriques ;
tels sont entre autres la *torpille,* qui habite nos mers,
et qu'on nomme vulgairement *raie électrique,* parce
qu'elle ressemble à une raie ; nos pêcheurs la nomment
aussi *poisson magicien* ; le *silure électrique,* qui vit dans
le Nil, et que les Arabes nomment *tonnerre ;* et le
gymnote électrique, dont la forme est celle d'une anguille, et qu'on trouve dans l'Amérique du Sud.

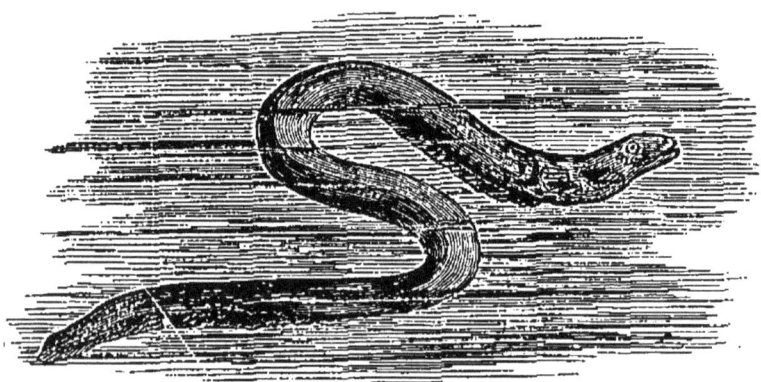

Le gymnote.

Tout ce que fait une machine électrique, ils le font ;
leur décharge donne des étincelles, c'est-à-dire de la
lumière et de la chaleur ; elle opère des décompositions
chimiques et produit le phénomène d'aimantation ; elle
donne des commotions violentes aux personnes qui
touchent l'animal. Quand les pêcheurs ont renversé
dans leur barque le contenu de leurs filets, s'il se trouve
une torpille parmi les poissons capturés, ils s'en aper-
çoivent aussitôt au choc qu'ils reçoivent lorsqu'ils
versent de l'eau sur le produit de leur pêche. Mais la
décharge du gymnote est bien plus forte encore et

bien plus dangereuse. On cite des hommes qui, attaqués, pendant qu'ils se livraient à la natation, par ce terrible poisson, et aussitôt privés de l'usage de leurs membres, se sont noyés. Quand les pêcheurs indiens amènent à la fois dans leurs filets des gymnotes et de jeunes crocodiles, toujours ceux-ci sont morts ou paralysés, tandis que les gymnotes n'ont aucun mal; ils ont foudroyé les terribles reptiles avant que ceux-ci aient pu les approcher. Le gymnote abat même les chevaux.

Eh bien! qui se fût douté qu'un poisson que tout le monde connaît, qu'on voit sur tous les marchés et qui figure sur toutes les tables, fût un poisson électrique? C'est cependant la vérité. Ce poisson est la raie. M. Charles Robin vient de nous l'apprendre. Si un poisson aussi vulgaire a pu devenir l'occasion d'une telle découverte, quelles trouvailles doit nous réserver la multitude de ceux que nous ne connaissons, pour ainsi dire, que de vue et de nom, sans parler de ceux dont nous ignorons jusqu'à l'existence!

On doit s'attendre surtout à apprendre beaucoup de choses sur la reproduction de ces animaux; et c'est ce que rendent très-vraisemblables les faits que nous allons rapporter.

Le 7 juin 1852, un Californien, M. A.-C. Jackson, grand amateur de pêche, était allé chercher son déjeuner dans la baie de San-Salita. Un crabe servait d'appât. Le temps était peu favorable; il ventait fort. Cependant notre pêcheur prit promptement deux poissons de même espèce (c'était le mâle et la femelle), longs de vingt-cinq à trente centimètres, et très-vifs, si vifs que la faible ligne à truites dont M. Jackson se servait, courut un grand danger.

La demi-heure qui suivit cette capture s'étant passée sans qu'il prît rien, le pêcheur se décida à changer d'appât, et aussitôt l'idée lui vint d'amorcer avec un morceau d'un des poissons déjà pris. En conséquence, il incise le ventre du plus gros, et alors, jugez de sa surprise quand par l'ouverture il voit sortir *un poisson vivant*. La réflexion venant, il se dit que le petit avait été avalé par le gros, auquel avait manqué le temps de digérer sa proie. Mais, ayant ouvert le ventre plus largement, il trouva le long du dos un sac violet si transparent, qu'à travers ses parois on voyait une multitude de poissons exactement semblables au premier pour la forme et pour la couleur. Le sac en était rempli : il y en avait dix-huit, et celui qui était dehors faisait le dix-neuvième.

Le pêcheur les mit dans un seau, et ils nagèrent aussitôt avec autant de vivacité que s'ils n'eussent fait autre chose depuis un mois. Non-seulement ils se ressemblaient tous, mais ils ressemblaient tellement à celle qui leur avait servi de demeure, qu'on ne pouvait douter qu'ils n'en fussent la progéniture.

M. Jackson fit part de sa découverte à M. Agassiz, illustre naturaliste européen, fixé en Amérique depuis une quinzaine d'années. Celui-ci craignit une méprise, et pria son correspondant de vouloir bien lui envoyer

quelques spécimens de ces poissons, fortement soup-
çonnés de n'être que des *canards*.

Les poissons demandés arrivèrent, et leur examen
confirma les récits du Californien. Le sac décrit par
celui-ci existe, et paraît n'être autre chose que l'extrémité inférieure très-élargie de l'ovaire. Il est subdivisé
en plusieurs poches s'ouvrant par de larges fentes dans
sa partie inférieure ; dans chacune de ces poches est
un petit enveloppé, ou plutôt emmaillotté comme dans
une espèce de drap. Tous sont empaquetés de la même
manière et placés tête-bêche, pour économiser l'espace.
Quant à l'ouverture externe de l'appareil, elle est située
derrière celle du canal digestif.

Dans une femelle qui avait vingt-huit centimètres
de long et douze centimètres de haut, les petits avaient
près de huit centimètres de long et trois centimètres
de haut. Ces dimensions considérables des jeunes
firent penser à M. Agassiz que peut-être ils entraient
dans le sac et en sortaient à volonté, à la manière des
jeunes didelphes ; mais il paraît n'en être pas ainsi :
néanmoins on ne peut douter que l'eau ne pénètre
dans le sac, car les petits ont les ouïes tout à fait développées.

M. Agassiz a fait de ces poissons une famille nouvelle, celle des *embiotocoïdés*, voisine de la famille des
perches.

Cela nous mène tout droit à parler des métamorphoses des poissons. Il n'y a pas longtemps qu'on les
en croyait tous exempts : c'était une erreur ; elle a été

dissipée par une observation de M. Auguste Muller ; et, chose bien remarquable, cette observation porte sur des poissons qui vivent chez nous, que nous mangeons, et chez lesquels on ne s'attendait certes pas à trouver rien de pareil.

LA LAMPROIE ET L'AMMOCÈTE.

Chez aucun des animaux qui ont un squelette solide, les os n'ont dès le commencement la consistance qu'on leur voit chez les adultes ; ils sont d'abord fibreux, ils deviennent ensuite cartilagineux ; enfin la matière calcaire, en s'accumulant dans leur tissu, les fait passer à l'état d'os véritables.

Or, il est des poissons dont le squelette n'atteint jamais ce dernier état, et reste toujours cartilagineux : tels sont les requins et les raies ; il en est même dont le squelette reste toujours fibreux : telles sont les lamproies et les ammocètes. Les uns et les autres appartiennent au groupe de poissons nommés *chondroptérygiens*.

On a beaucoup discuté sur la place qu'il convient de donner dans la classification à ceux d'entre ces poissons dont le squelette est cartilagineux : c'est qu'en effet, s'ils sont évidemment inférieurs sous ce rapport aux poissons osseux, ils leur sont supérieurs à d'autres égards ; c'est pourquoi certains zoologistes les ont mis au-dessus des poissons osseux, tandis que d'autres les ont mis au-dessous. Mais quant à ceux qui ont un squelette fibreux, c'est-à-dire quant aux lamproies et aux ammocètes, il est certain que ce sont les plus imparfaits de tous les poissons. Ainsi, au lieu d'une bouche formée de deux mâchoires, l'une supérieure et l'autre inférieure, ils ont une lèvre charnue circulaire chez les lamproies, demi-circulaire chez les ammocètes ; de là le nom *cyclostomes* ou *bouche en anneau* qu'on leur donne. Et cette bouche est, comme celle de la sangsue, par exemple, une véritable ventouse, un suçoir ; aussi s'en servent-ils comme la sangsue se sert de la sienne, soit pour se fixer aux corps solides, soit pour s'attacher aux animaux dont ils se nourrissent, en pompant leur sang, ou même en les dévorant.

Bouche de la lamproie.

Ni les lamproies, ni les ammocètes ne sont rares dans notre pays. Les premières se mangent, et sont classées par les gourmets au nombre des poissons les plus estimés ; les secondes ne figurent pas ordinairement sur les tables, bien que leur chair soit excellente, et les pêcheurs les emploient en guise d'appât.

Les lamproies et les ammocètes sont, comme l'anguille, des poissons en forme de serpent. Au premier abord un observateur peu attentif pourrait les confondre avec l'anguille ; mais on les en distingue aisément à sept trous circulaires placés en ligne droite, de chaque côté du corps en arrière de l'œil, et aussi à ce qu'elles n'ont pas, comme les anguilles, de nageoires pectorales ; pour toute nageoire, elles ont une crête longitudinale au-dessus et au-dessous de la queue.

La lamproie. Comme nous l'avons dit, la lèvre de la lamproie est circulaire. Cette lèvre est armée de plusieurs rangées de fortes dents. La langue en est également garnie. Cette lèvre peut avancer et reculer à la

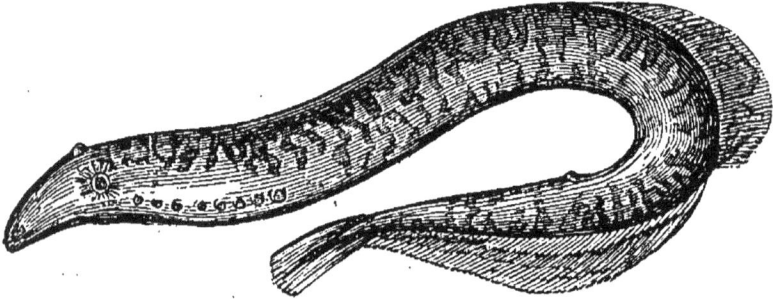

La grande lamproie.

manière d'un piston, ce qui permet à l'animal d'opérer une succion si forte, qu'au récit de Carus on a parfois retiré de l'eau avec de grandes lamproies des pierres de cinq à six kilogrammes auxquelles elles se tenaient attachées.

Il y a plusieurs espèces de lamproies.

La *grande lamproie* est longue d'un mètre, et d'un jaune verdâtre marqué de brun. Elle habite nos mers (Océan et Méditerranée) et entre dans nos fleuves au printemps pour y déposer ses œufs. Sa nourriture se compose de vers marins, de petits poissons et de cadavres. Sa pêche a lieu surtout aux embouchures de la Loire et de la Garonne.

La réputation culinaire de ce poisson date de loin. On en faisait en France, au XIVᵉ siècle, une consommation si importante, qu'une corporation de marchands avait le privilége de les apporter à Paris, et n'y apportait rien autre chose. Paul Jove, dans son poëme sur l'Ichthyologie, nous apprend que de son temps, c'est-à-dire au XVIᵉ siècle, les Romains payaient ce poisson jusqu'à dix pièces d'or. Son prix avait doublé dans la première année du XVIIᵉ siècle.

La *lamproie de rivière*, nommée aussi *pricka*, n'a que quatre à cinq décimètres de long; elle est d'un gris bleuâtre en dessus, argentée en dessous; c'est celle-ci qu'on voit le plus souvent sur les marchés de Paris. Elle passe une grande partie de l'année dans les lacs d'eau douce, et les abandonne au printemps pour frayer dans les rivières. Elle abonde dans un grand nombre de fleuves d'Europe. C'est principalement dans la Loire qu'on pêche celles qui viennent à Paris. Cette espèce peut vivre très-longtemps hors de l'eau.

La *petite lamproie*, nommée vulgairement *sucet*, est plus petite encore, et n'a que vingt-cinq à trente centimètres. Elle apparaît dans la Seine en même temps que les aloses, auxquelles elle s'attache. Elle sert d'appât pour la pêche des harengs; comme la précédente, elle peut vivre très-longtemps hors de son élément.

L'Ammocète. La lèvre est demi-circulaire, et ne recouvre que le dessous de la bouche. Cette lèvre ne porte qu'une dent ; mais la langue, armée de fortes dentelures latérales, fonctionne comme celle de la lamproie. L'ammocète est aveugle. Sa forme lui donne beaucoup de ressemblance avec les vers; comme un grand nombre de ceux-ci, elle se tient dans la vase des ruisseaux, et s'attache à des animaux dont elle suce le sang.

Il y en a également plusieurs espèces. L'*ammocète rouge* est couleur de sang, elle a environ seize centimètres de long. L'*ammocète lamprillon* a la même dimension, est verte sur le dos, blanche sous le ventre. Sa chair est d'un goût agréable, mais son aspect vermiforme est pour beaucoup de personnes une cause de répugnance. On s'en sert comme d'appât.

Tels sont les caractères zoologiques des lamproies et des ammocètes. Un mot maintenant sur leur organisation intérieure, afin de bien mettre en relief l'infériorité de ces poissons.

Carus compare la colonne vertébrale de la lamproie à celle d'un fœtus humain de deux mois. Les vertèbres sont de simples anneaux cartilagineux à peine distincts les uns des autres, traversés et réunis par un cordon tendineux; il n'y a ni véritables côtes, ni arcs branchianés; les rayons qui soutiennent la nageoire sont des fibres à peine apparentes. Enfin la structure des organes des sens est moins compliquée que chez les poissons osseux.

Chez les ammocètes l'état rudimentaire ou embryonnaire est plus marqué encore. Toutes les parties de la charpente restent constamment à l'état membraneux, l'anneau maxillaire lui-même est membraneux, et l'imperfection des sens est poussée bien plus loin encore que dans la lamproie.

Tous les zoologistes se sont accordés à faire de la lamproie et de l'ammocète deux genres distincts de cyclostomes. Eh bien, l'ammocète et la lamproie sont le même animal : le premier est le jeune, la larve; le second est l'adulte; c'est ce que nous ont appris dernièrement les belles et intéressantes observations de M. Auguste Muller.

L'auteur, voulant étudier le développement de la lamproie, recueillit au moment de la ponte les œufs de cette espèce; il fit plus, il en féconda artificiellement, et ces œufs furent séquestrés dans un récipient.

- En se mettant ainsi à l'abri de toute erreur, il a pu assister aux diverses phases de leur évolution. Il a vu le vitellus se segmenter tout entier comme chez les batraciens, et ce vitellus transformé par la segmentation se convertir en un embryon, qui, au bout de dix-huit jours d'incubation, est sorti de l'œuf, *non point avec les caractères d'une lamproie, mais avec ceux d'une ammocète.*

Les ammocètes issues des œufs de lamproie ont été conservées pendant plus de deux ans dans un réservoir spécial, où malheureusement elles sont mortes avant d'avoir pu se transfigurer. Mais M. A. Muller, pour compléter le cercle des observations interrompues par cet accident, substitua aux ammocètes mortes, dans son réservoir, des ammocètes vivantes, du même âge, prises dans un ruisseau voisin; et ces dernières, après quelques mois de séquestration, c'est-à-dire vers leur troisième année, subirent sous ses yeux leur métamorphose, et revêtirent tous les caractères de la lamproie. Enfin, après cette métamorphose, l'auteur les vit se reproduire et mourir, car la reproduction paraît être le dernier terme de la vie de la lamproie.

LES MÉTAMORPHOSES DE LA DORÉE

ET DE QUELQUES AUTRES POISSONS.

Nous venons de rapporter le premier exemple de métamorphoses que les poissons aient offert aux observateurs. Les découvertes de M. A. Muller ne datent que de quelques années, et déjà elles ne sont plus isolées. Les faits de cet ordre promettent, au contraire, de se multiplier, et on en connaît même dès ce moment de beaucoup plus frappants que celui qui précède.

M. Agassiz écrivait, en effet, à l'Académie des sciences, au commencement de l'année 1865, qu'il venait d'observer chez les poissons *des métamorphoses aussi considérables que celles qu'on connaît chez les batraciens.* Il s'étonnait même qu'en un temps où si généralement l'on s'occupe de pisciculture, on ne les eût pas reconnues plus tôt. « Peut-être, suivant sa remarque, faut-il l'attribuer à cette circonstance, que les métamorphoses commencent ordinairement après l'éclosion des petits, à une époque où ils meurent rapidement, lorsqu'on les retient en captivité. » Quoi qu'il en soit, l'illustre naturaliste a fait connaître ce que je vais rapporter.

La *dorée*, nommée aussi *poisson Saint-Pierre*, et que les anciens nommaient *Zée*, est un poisson fort connu. Columelle dit que son goût exquis lui avait fait accorder parmi les Grecs la prééminence sur tous les autres poissons, et de là sans doute son nom de Zée. C'est un poisson d'assez grande taille, à corps comprimé, de couleur jaune, avec une tache ronde et noire sur le flanc, et qui présente cette particularité, que les rayons épineux de sa nageoire dorsale sont accompagnés de lambeaux membraneux, longs et filiformes, ce qui lui donne un aspect assez repoussant. On le trouve dans l'Océan et dans la Méditerranée. Une espèce a reçu le nom de *rusé*, parce qu'elle lance de l'eau avec sa bouche sur les insectes qui voltigent à la surface des flots, ce qui est pour elle un moyen de les précipiter à la mer et d'en faire sa pâture.

On classe la dorée dans la famille des Scombéroïdes, dont font partie les thons, également célèbres par leurs migrations, aujourd'hui mises en doute, et pour les qualités de leur chair ; les maquereaux, si courageux et si voraces, qu'ils attaquent souvent des poissons bien plus forts qu'eux, et l'homme lui-même, puisqu'on cite un matelot qui, se baignant dans les mers de Norwége, fut entouré et déchiré par eux ; et enfin l'*espadon* ou *épée de mer*, ainsi nommé à cause de l'espèce de longue lame qui arme sa mâchoire, et à l'aide de laquelle il vient à bout de la baleine, malgré la taille de celle-ci, et du crocodile, malgré sa cuirasse, et défonce même des embarcations ; ce n'est cependant point un animal carnassier, et les fucus composent sa nourriture.

Maintenant que la dorée vous est connue, voici un autre poisson, d'un nom plus difficile à retenir ; celui-ci est l'*argyropelecus hemigymnus*. On l'a classé dans la famille des Salmonés, ou au moins tout près de celle-ci, et cette famille des Salmonés contient les truites, les éperlans et les ombres, c'est-à-dire les poissons les plus fameux pour la délicatesse de leur chair.

Voilà donc deux familles en présence, celle des maquereaux et celle des truites, et deux familles qui ne sont nullement voisines l'une de l'autre, à tel point qu'elles n'appartiennent pas au même ordre ; la première appartient à l'ordre des *acanthoptérygiens*, et la seconde à l'ordre des *malacoptérygiens*.

Eh bien ! l'*argyropelecus*, classé jusqu'ici dans la famille des Salmonés, est le jeune du *poisson Saint-Pierre*, qui appartient à la famille des Scombéroïdes.

C'est ce que nous a appris M. Agassiz, dont la découverte était si inattendue, que M. le secrétaire de l'Académie, en la communiquant à cette savante compagnie, n'a pu s'empêcher de dire : « Cette communication eût soulevé bien des doutes dans mon esprit, si elle n'était due à un savant tel que M. Agassiz. »

Celui-ci s'attendait à ces doutes. « Je m'attends, écrivait-il, à ce que tous les ichthyologistes repoussent cette assertion comme erronée. Rien n'est plus vrai cependant; aussi, loin de chercher à la prouver par de longs arguments, je me bornerai, pour le moment, à inviter mes confrères à se procurer des petits exemplaires de la dorée, de huit à dix centimètres de longueur, et à les comparer à des exemplaires authentiques de l'*argyropelecus*, certain que je suis qu'ils admettront l'identité des deux poissons, dès qu'ils en auront fait la comparaison. »

Mais l'illustre naturaliste promet de nous en apprendre prochainement bien d'autres. Il promet de montrer que certains petits poissons qui ressemblent d'abord à des *gadoïdes* ou à des *blennioïdes*, passent graduellement au type des *labroïdes* et des *lophioïdes*; que des *apodes* se transforment en *jugulaires* et en *abdominaux*, et qu'enfin des *cyprinodontes* commencent par être semblables à des têtards de grenouille ou de crapaud.

SUR QUELQUES VERTÉBRÉS TRÈS-DÉGRADÉS.

Avec les poissons finit ou commence, suivant qu'on prend la série animale par un bout ou par l'autre; le grand groupe des animaux vertébrés.

Cependant, Isidore Geoffroy-Saint-Hilaire a proposé de placer dans une classe inférieure à celle des poissons, mais encore comprise parmi les vertébrés, un animal qui serait jusqu'ici seul dans cette classe.

C'est l'*amphyoxus* ou *branchiostoma*, petit animal vêtu d'une peau transparente, enduit d'une liqueur visqueuse, qui vit dans le sable au fond de l'eau, et chez lequel le type du vertébré est si dégradé, que Pallas, qui l'a découvert, l'a considéré comme une limace.

Au lieu d'une colonne vertébrale, il n'a qu'une sorte de corde dorsale, et la moelle épinière, frappée d'arrêt de développement, est très-faiblement renflée à son extrémité céphalique.

Isidore Geoffroy donnait le nom de *Myélaires* à la classe créée pour l'amphyoxus.

Cependant cet animal ne serait pas encore le plus bas degré des vertébrés. Au-dessous de lui et dans une classe distincte, le prince Charles Bonaparte plaçait le *sagitta,* découvert par MM. Quoy et Gaimard, dans les mers du Nord, et dans lequel les naturalistes ont vu tour à tour un mollusque, un ver, et même un acalèphe !

Ce singulier animal posséderait, dans la première période de sa vie, une grosse corde dorsale et un système nerveux de vertébré qu'il perdrait avec l'âge, de sorte que ses métamorphoses, au lieu de l'élever au-dessus de lui-même, comme c'est le cas pour tous les animaux que nous avons jusqu'ici passés en revue, le feraient descendre à un rang inférieur. C'est ce qu'on appelle une *métamorphose rétrograde*, dont il y a des exemples nombreux dans la série animale.

Tout cela a été vu par M. Meisner sur de très jeunes sagitta, et Ch. Bonaparte a fait de ce genre le type de sa classe des *aphaniaires*. Mais, comme des doutes se sont élevés sur la valeur des observations de M. Meisner, nous ne nous y arrêterons pas davantage.

LES MOLLUSQUES

La limace, le colimaçon, la moule, l'huître, sont des mollusques.

Ce sont, comme leur nom l'indique, des animaux d'une consistance mollasse. Un grand nombre d'entre eux ont une coquille calcaire ou cornée, qui se développe soit sur la peau, soit dans celle-ci, soit à l'intérieur du corps.

Les uns sont terrestres, et respirent par des poumons; les autres sont aquatiques, et respirent par des branchies. Il y en a de libres, et il y en a qui passent toute leur vie à la même place, fixés à des corps solides; il en est qui, sans être fixés, passent toute leur vie à l'intérieur des pierres. Un très-grand nombre sont nocturnes. Tous les genres possibles de régime alimentaire se rencontrent parmi eux.

Beaucoup sont comestibles. Certains sauvages, par exemple, ceux qui habitent le détroit de Magellan, ne vivent même pas d'autre chose, et quelques espèces, telles que les huîtres, sont l'objet d'un commerce considérable chez les peuples civilisés.

On y connaît des exemples de métamorphoses, et

bien que ces exemples soient nombreux et remarquables, il y a lieu de croire que ce qui nous reste à apprendre à cet égard l'emporte de beaucoup sur ce que nous n'ignorons plus. Ce que nous avons dit des poissons s'applique en effet, exactement, et pour la même cause, aux mollusques, et leur habitat fait que nous savons encore peu de choses sur leurs mœurs, leur reproduction et leur développement. On aura tout à l'heure un exemple des découvertes zoologiques qui, au temps où nous sommes, peuvent encore être faites dans les mers.

Les mollusques forment une très-longue série, dont l'extrémité supérieure est occupée par des animaux d'une organisation assez élevée, tandis que par son autre extrémité cette série confine aux animaux les plus inférieurs.

En tête sont les céphalopodes, auxquels M. Victor Hugo, par son chapitre de la *pieuvre*, vient de donner tant de popularité. Armés de longs bras ou tentacules couvertes de ventouses, qui couronnent leur tête et entourent leur bouche garnie d'une sorte de bec de perroquet, ils sont dans certains parages l'effroi des baigneurs, parmi lesquels ils ont fait des victimes. Les anciens auteurs prétendaient que la mer en recélait de si grands, qu'ils pouvaient faire sombrer un navire en l'entourant de leurs bras. L'exagération est grossière. Mais si nos prédécesseurs péchaient par excès, nous péchions par défaut, en pensant que la taille des plus grands ne dépassait pas deux mètres.

Le grand poulpe.

On en a eu la preuve le jour où un aviso à vapeur français *l'Alecton*, commandé par M. Rouyer, lieutenant de vaisseau, rencontra entre Madère et Ténériffe ce poulpe colossal, dont malgré ses efforts l'équipage ne put réussir à s'emparer. Il avait en effet de cinq à six mètres de long, sans compter ses bras d'un mètre quatre-vingts centimètres. Sa bouche avait un demi-mètre de diamètre, et son poids total fut évalué à plus de deux mille kilos.

L'HUITRE.

Bien différent des céphalopodes, qui, comme leur nom l'indique, portent les pieds sur la tête, l'huître n'a ni pieds, ni tête. Tout le monde sait que c'est un animal marin. Elle vit fixée aux rochers par sa valve inférieure, et forme des bancs plus ou moins considérables. On la pêche à *drague*, espèce de rateau pourvu d'un filet, et attaché par une longue corde à l'arrière du bateau pêcheur; celui-ci voguant à pleines voiles, la drague arrache, le filet reçoit.

La fécondité des huîtres est extrême. M. Davaine a trouvé de six cent à douze cent mille œufs dans une *huître pied de cheval*, et comme elles font plusieurs pontes dans une saison, il n'y a rien d'invraisemblable dans l'évaluation qui porte à deux millions le nombre d'œufs qu'un seul individu peut donner annuellement.

L'huître n'abandonne pas ses œufs au moment de la ponte ; elle les garde en incubation pendant plusieurs semaines, entre ses lames branchiales, au milieu d'une substance muqueuse, sécrétée par ces organes, et nécessaire à leur accroissement, puisqu'ils périssent dès qu'on les en retire.

Les petits ne sortent pas de l'œuf sous la forme de l'adulte, mais à l'état de larve ; l'huître est un animal à métamorphoses. Cette larve est douée d'une faculté qui manque à sa mère, celle de se mouvoir librement dans le liquide ambiant. Il en est ainsi des petits de tous les animaux fixés, et l'on comprend que la vie de ces animaux ne peut commencer autrement.

Groupe d'huîtres à divers âges.

Leur petitesse est extrême. Un illustre observateur, Leuwenhoek, dit qu'il en faudrait un million sept cent vingt-huit mille pour former une sphère d'un pouce de diamètre.

Racontons leurs métamorphoses, d'après M. Davaine, à qui on doit un excellent travail sur ce sujet, et prenons les choses au moment où se fait l'éclosion de l'ovule.

On voit alors apparaître sur deux points, distants l'un

Pêche de l'huître.

de l'autre du quart de la circonférence de cet ovule, deux ou trois cils vibratiles. Ou plutôt on reconnaît leur existence à l'agitation du liquide dans lequel l'ovule est plongé, car ces cils sont d'abord tout à fait indistincts; mais en s'allongeant ils deviennent visibles, et en même temps l'espace qui les sépare se couvre à son tour de cils nombreux et minces. Cette portion de la circonférence répond à la partie antérieure de l'embryon.

A l'opposé d'un de ces groupes de cils on voit un trait transparent : c'est le premier indice de la charnière de la coquille, qui déjà, quoique invisible encore, contient du carbonate de chaux.

Peu à peu les cils deviennent plus nombreux et plus forts, et leurs mouvements permettent enfin à l'embryon, jusque-là immobile, de nager dans le liquide ambiant. En même temps la charnière a cessé d'être la seule partie visible de la coquille, et on distingue maintenant les deux valves plus ou moins ouvertes, occupant toute la partie postérieure de l'animal, qui à volonté les écarte ou les rapproche l'une de l'autre, mais elles laissent encore à découvert la partie antérieure du corps.

Cependant, malgré les mouvements que l'embryon imprime aux deux battants de son enveloppe testacée, et malgré ceux qu'il exécute lui-même, cet embryon n'a pas encore d'organes apparents; on ne voit ni viscères, ni branchies, ni manteau, et toute sa masse semble composée d'éléments homogènes ou identiques entre eux.

Mais, à mesure qu'il prend de l'accroissement, ces organes deviennent visibles. Le changement le plus intéressant est celui qu'éprouve l'appareil ciliaire dont nous avons parlé. Il devient de plus en plus saillant, forme un lobe distinct du reste du corps, et finit par prendre l'aspect d'un organe particulier. Sa base est nettement limitée par le bord de la coquille, et lors-que celle-ci est ouverte, sa forme est celle d'une couronne surmontant les bords antérieurs des valves. On lui voit accomplir de faibles mouve-ments d'expansion et de contraction, mais jamais ceux-ci ne vont jusqu'à le faire rentrer dans l'enveloppe calcaire.

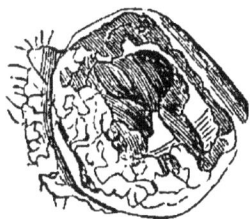

Embryon de l'huître.

Au moyen de cet appareil, l'embryon nage avec une grande rapidité dans tous les sens, va, vient, tourne sur lui-même ou autour des obstacles qu'il ren-contre.

Rien n'est plus curieux, dit M. Davaine, que de voir sous le microscope ces petits mollusques parcourir la gouttelette d'eau qui les réunit en grand nombre, s'éviter mutuellement, se croiser en tous sens avec une merveilleuse rapidité, sans se heurter, sans se rencon-trer jamais.

En voyant, dit-il encore, l'embryon de l'huître nager rapidement et avec sûreté dans toutes les directions, on ne peut se refuser à croire qu'il possède le sens de la vue; car comment pourrait-il avoir la notion de tous les obstacles qu'il rencontre, et qu'il évite avec tant de précision? Cependant on n'aperçoit dans ses organes aucun point coloré, aucune trace de pigment qui puisse indiquer l'organe de la vue.

Quand l'embryon est arrivé à ce point de son développement, son intestin est devenu visible; mais il est impossible de distinguer ni la bouche, ni l'anus. Comme l'appareil ciliaire est percé d'une ouverture oblongue, située juste en regard de la place où la bouche se montre quand cet appareil a cessé d'exister, il est probable que cette ouverture s'adapte à la bouche, et que les cils qui bordent la première ont pour fonction de diriger dans la cavité buccale les particules alimentaires.

Mais, outre ces deux fonctions de préhension et de locomotion, l'appareil ciliaire est encore un organe respiratoire, et c'est lui qui absorbe l'oxygène dissous dans le liquide ambiant.

L'embryon, tel qu'on vient de le décrire, est âgé d'un mois et plus. Il reste pendant tout ce temps en incubation dans la coquille maternelle. C'est alors que celle-ci les répand autour d'elle; protégés par une coquille et munis d'un appareil de natation, ils sont, en effet, en état d'aller chercher sur quelques rochers voisins la place où s'écoulera le reste de leur existence. Cependant ils flottent pendant quelque temps autour de leur mère, et M. Moquin-Tandon, se faisant l'écho d'une opinion répandue, écrit « que dans le commencement, au moindre danger, ils se réfugient entre les valves maternelles. »

Ces dangers sont nombreux. Avant que les petites huîtres aient touché le sol, alors que, par leur agglomération, elles forment une bouillie laiteuse en suspension dans l'eau de mer, elles deviennent, dit M. Davaine, la proie de myriades de poissons, de mollusques, de crustacés, etc., qui en détruisent des quantités innombrables; celles qui échappent à la poursuite de tous ces ennemis, en rencontrent de nouveaux et plus nombreux encore entre les pierres, sur les coquilles, sur les plantes où elles doivent se fixer. Tous ces corps, en effet, et même la coquille maternelle qui les protégeait, sont recouverts de serpules, de balanes, de polypes, superposés les uns aux autres, dont les cirrhes toujours agités, les tentacules toujours tendus, saisissent ces embryons quand ils arrivent à leur portée; enfin, lorsque les petites huîtres se sont fixées, et que leurs valves ont acquis une consistance capable de les protéger, il est d'autres ennemis, comme les crabes et les astéries, qui les surprennent dans leur coquille entr'ouverte et les dévorent. Les causes de destruction auxquelles ces mollusques sont exposés ne tarderaient donc pas à faire disparaître l'espèce, si celle-ci n'était douée d'une merveilleuse fécondité.

Voici donc la petite huître émancipée en quête d'un domicile. Cependant la base de l'appareil locomoteur se rétrécit graduellement, et cet appareil devient de plus en plus proéminent; le moment arrive où il n'est plus attaché à l'animal que par un pédicule assez mince; il entraîne cependant encore l'embryon à sa remorque. Enfin le pédicule se rompt; alors l'huître tombe au fond de l'eau, et reste immobile sur le sol.

Mais, en même temps que l'animal perd la faculté de se mouvoir, la vie s'éveille avec énergie dans ses organes intérieurs. On voit apparaître des lèvres, et des cirrhes pour la préhension des aliments; un mouvement vibratile très-prononcé décèle l'existence des branchies, et leur entrée en fonction; et sous la cavité buccale on voit un organe très-petit, transparent, en forme de poire, se dilater et se contracter alternativement : c'est le cœur; M. Dareste a compté jusqu'à cent dix battements par minute, tandis que chez l'huître adulte le cœur ne bat que dix fois dans le même temps.

Et que devient l'appareil locomoteur après qu'il s'est détaché de l'animal? Vivement agité par le mouvement de ses cils, il continue de circuler dans le liquide; mais, la volonté qui le dirigeait n'ayant plus d'action sur lui, il roule sur lui-même, et il se

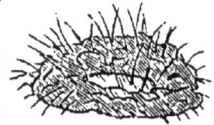

Appareil ciliaire de l'embryon de l'huître.

heurte à tout ce qu'il rencontre, jusqu'à ce qu'il soit enfin arrêté par quelque obstacle; même alors il manifeste encore sa vitalité par l'agitation de ses cils.

Ce qui vient d'être dit du développement des huîtres, explique les soins particuliers qu'on donne en certains lieux aux bancs naturels de ce mollusque; ce qu'on fait par exemple au vieil Achéron, le lac Fusaro (Naples), qui n'est qu'une vaste huîtrière.

Autour des rochers auxquels les huîtres sont fixées·
on a planté des pieux assez rapprochés les uns des
autres, et qui s'élèvent un peu au-dessus de la surface
liquide. Ces pieux sont reliés entre eux par des cordes,
auxquelles, par le moyen d'autres cordes verticales,
sont suspendues des fascines qui plongent dans l'eau.
Les petites huîtres qui, sans ces précautions, eussent·

Fascines suspendues.

été dispersées par les vagues, et dévorées par une multitude d'ennemis, s'attachent à ces fascines et à ces
pieux, et en enlevant ceux-ci, on s'empare des mollusques quand le moment de la récolte est venu.

On a fait plus, on a créé des bancs d'huîtres en des
localités où ce mollusque était inconnu.

Ainsi, dans le siècle dernier, un ministre de Por-
tugal, le marquis de Pombal, ayant fait jeter quelques
cargaisons d'huîtres sur les côtes de ce pays qui n'en

produisait pas, les huîtres s'y multiplièrent tellement, qu'elles y sont très-communes aujourd'hui.

Le même fait s'est produit en Angleterre, vers la même époque. Un riche propriétaire de Caernarvon fit jeter une certaine quantité d'huîtres dans le détroit de Menai; elles s'y propagèrent rapidement, et devinrent pour lui la source de revenus considérables.

Enfin le gouvernement anglais, prenant exemple sur ce particulier, fit porter des chargements d'huîtres sur divers points des côtes d'Angleterre, où elles prospérèrent également.

Mais, quoiqu'on ait beaucoup loué en France ce qui se fait à Fusaro et ce qui s'est fait en Angleterre, et quoiqu'on nous ait proposé de prendre exemple sur nos voisins du Nord et du Midi, il se trouve que nous avons en France, et de temps immémorial, des modèles bien supérieurs à ceux que nous offre l'étranger. Ils nous sont offerts par les pêcheurs de l'île d'Oléron, et je raconterai de leur intéressante industrie ce que m'en a appris une lettre que M. Pougnard, notaire à la Tremblade, m'a fait l'honneur de m'écrire.

Pratiquant lors de la marée basse la pêche dite à la main, ces pêcheurs ne pouvaient manquer de faire la remarque que le frai de l'huître s'attache sur le rivage de la mer aux fragments de rochers, aux pierres, à toutes les saillies. De cette observation à l'idée de créer des parcs artificiels il n'y avait qu'un pas; ce pas fut bientôt franchi.

Sur la partie orientale de l'île d'Oléron, en des points convenablement choisis, les habitants de cette île formèrent donc des bancs artificiels, et les ayant soigneusement entourés, ils y déposèrent les huîtres. Ils espéraient que le frai retenu dans ces parcs s'attacherait aux pierres et s'y développerait. Leur attente ne fut pas trompée : l'expérience fondée sur l'observation réussit. On donne à ces enceintes le nom de *viviers*. Les viviers se sont rapidement multipliés, et de leur établissement date la grande extension qu'a prise le commerce des huîtres vertes.

Car les pêcheurs de la Tremblade ne se bornent pas à créer des bancs artificiels. Non contents de conserver les huîtres, ils les améliorent. Conservateurs et progressistes, c'est l'idéal.

Ils détachent les huîtres des rochers auxquels elles adhèrent, isolent chaque sujet, et, les prenant un à un, ils les transportent dans les confortables demeures que nous allons décrire.

Les terrains qui bordent la Seudre sont, sur un parcours de dix-neuf kilomètres, de pauvres terrains impropres dans leur état présent à aucun genre de culture ; les intelligents et actifs pêcheurs ont su leur donner une valeur considérable : onze cent trente-six hectares de ces mauvaises terres ont été divisés par eux en dix-huit mille cent vingt parcelles, et voici ce qu'ils en ont fait.

Chaque parcelle a été entourée d'un bourrelet de terre de soixante-six centimètres à un mètre de haut, et de quatre à cinq mètres à la base, destiné à retenir l'eau de mer. Le terrain ainsi entouré est plat; on lui donne le nom de *claire*. La claire est l'école de perfectionnement des huîtres.

C'est là que nos pêcheurs mettent les huîtres recueillies par eux une à une dans les viviers; et quand ces bons maîtres en retirent leurs élèves, ceux-ci sont considérablement engraissés, ils ont pris une couleur verte, et un goût exquis.

Mais que de peine, avant d'en venir là, les huîtres ont donnée à leurs instituteurs!

L'excellente réputation culinaire des huîtres a failli être compromise dans ces derniers temps.

Des huîtres draguées sur un banc de la rivière de Falmouth, en Angleterre, puis expédiées à Rochefort, provoquèrent chez ceux qui en mangèrent des symptômes d'empoisonnement. Émoi général et bien motivé. M. Cuzent, pharmacien en chef de la marine, fut aussitôt chargé d'examiner les mollusques perfides. Il y reconnut la présence du cuivre. L'explication est fort simple : le banc d'où ces huîtres provenaient est voisin d'une mine de cuivre. Comme le fait pourrait se reproduire, il n'est pas inutile de savoir au besoin reconnaître la présence du métal toxique. M. Cuzent en a indiqué deux; nous citerons celui qui est le mieux à la portée de tout le monde.

Il consiste à piquer une aiguille à coudre dans les parties vertes du mollusque, à verser sur celui-ci une quantité de vinaigre suffisante pour l'immerger, et à laisser le tout en contact pendant quelques secondes.

Ce qu'on se propose dans ce procédé, c'est d'isoler le cuivre à l'état métallique ; or, il ne faut qu'une minute pour que l'aiguille se recouvre, dans la partie immergée, d'un dépôt rouge de cuivre. Il est entendu qu'on emploiera du vinaigre pur.

LE TARET.

Mollusque acéphale et bivalve comme l'huître, et, comme elle, mollusque à métamorphoses.

C'est un animal allongé, vermiforme, mou, blanchâtre, demi-transparent, long tout au plus de vingt-cinq centimètres, et c'est un des plus dangereux ennemis que le roi de la création puisse rencontrer sur son chemin.

Le grand naturaliste Linnée appelle le taret : la *calamité des navires*, nom bien mérité, et qui ne dit pas tout le mal que fait ce mollusque ; car il n'attaque pas seulement les navires, mais toutes les constructions maritimes en bois, tous les bois immergés dans l'eau salée (le taret est un animal marin), les pilotis, les écluses, les digues. C'est lui qui détruit les travaux qu'élèvent les habitants de la Rochelle pour parquer les moules ; il tient suspendue sur la Hollande une perpétuelle menace d'inondation ; en 1731, il détruisit une grande partie des digues de la Zélande. Il vit, en effet, dans le bois et du bois ; il y fait un trou, c'est sa demeure, et la sciure du bois creusé fait sa nourriture. Le trou est d'abord horizontal, et à peine visible, car le taret est fort petit quand il commence

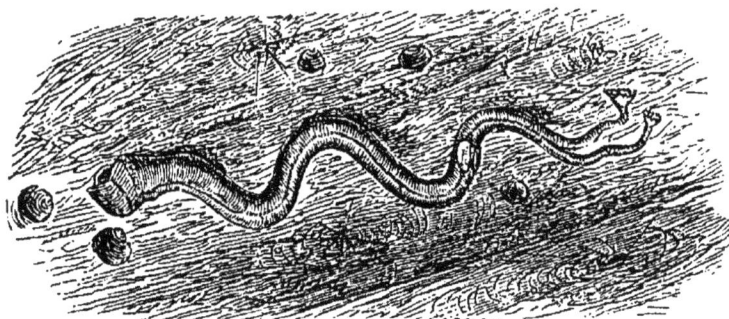

Taret.

son travail ; mais bientôt l'excavation devient verticale, s'élargit et s'allonge ; en un temps très-court une énorme poutre criblée de trous prend l'aspect d'une éponge. On a vu des navires silencieusement minés par ce misérable ennemi sombrer en pleine mer. Aujourd'hui, éclairé par une cruelle expé-

Morceau de bois rongé par des tarets.

rience, on protége les constructions navales, soit en les doublant de cuivre, soit en préparant au sulfate de cuivre, ou au bichlorure de mercure, les bois qu'on y emploie, soit encore en en brûlant la surface, ou en y enfonçant des clous à large tête, qui, attaqués par l'eau de mer, les recouvrent bientôt d'une couche protectrice de rouille. Le taret a un ennemi ; c'est un

oiseau charmant, le vanneau, qui rencontre aujour-
d'hui en Hollande la protection à laquelle ses services
lui donnent droit.

Ces terribles petits animaux ont, comme je l'ai dit,
une coquille bivalve; mais on se ferait une idée bien
inexacte de cette coquille si on pensait qu'elle ressemble à celle de l'huître. Cette dernière recouvre et
protége tout l'animal, tandis que la coquille du taret
ne recouvre pas la trentième partie du corps de celui-
ci. On se rappelle que le taret est allongé, vermiforme;
la coquille, qui est en forme d'anneau, ouverte par
conséquent en avant et en arrière, occupe seulement
la partie antérieure du corps. Tout le reste est à découvert; et certes, à première vue, on ne se douterait
pas qu'un tel animal pût être aussi redoutable.

C'est avec sa coquille qu'il fait tout le mal. Elle est
cependant peu épaisse; mais, outre que son tissu est
très-compacte, ses valves, disposées en forme de tarière,
ont le bord tranchant et finement dentelé; un muscle
adducteur très-énergique les meut, et leur travail est
rendu moins difficile par cette circonstance que le
bois attaqué est ramolli par l'eau.

A mesure que le taret s'enfonce dans sa demeure,
il la tapisse d'une matière calcaire, de sorte qu'il se
trouve bientôt logé dans une sorte de tube pierreux,
qu'on pourrait prendre pour une coquille; mais ce tube
n'a aucune adhérence avec le mollusque.

Tandis que l'animal adulte vit dans un trou, le
jeune est libre, une couronne de cils lui permet d'aller

et de venir ; il en profite pour se mettre en quête d'une pièce de bois à sa convenance. Il inspecte, il tâte celles qu'il rencontre, et se promène à leur surface ; puis, quand il a trouvé ce qu'il cherchait, il y forme d'abord une petite dépression au moyen d'un mouvement latéral de son corps ; c'est alors que se forme sa coquille, et dès qu'il est outillé, il commence son trou.

LA PHOLADE.

La *pholade*, autre mollusque acéphale, vit comme le taret dans les trous qu'elle creuse elle-même par l'action mécanique de sa coquille selon les uns, au moyen d'une sécrétion particulière selon les autres. Elle élit domicile dans le bois ou dans la pierre indifféremment. Il n'est

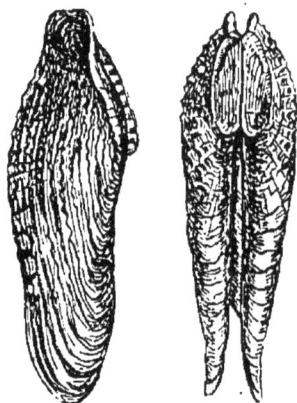

Pholade dactyle.

Pholades dans une pierre.

pas rare de rencontrer dans le voisinage de la mer

des rochers percés en tous sens par ce mollusque. Une fois dans son trou, il n'en sort plus, et sa nourriture se compose exclusivement de petits animaux, que le mouvement de l'eau ou que leur mouvement propre amène jusqu'à lui. On le trouve dans l'Océan, dans la Manche et dans la Méditerranée, où on le recherche comme aliment.

LES ASCIDIES SOLITAIRES.

Nous continuons de descendre l'échelle des mollusques. Les ascidies y sont placées assez bas pour qu'on les ait prises longtemps pour des zoophytes, lesquels forment le dernier degré du règne animal.

Une sorte de sac percé de deux orifices, et les enveloppant de toutes parts, remplace ici la coquille. De là le nom d'*outres de mer* (ascidie ne veut pas dire autre chose) qu'on leur donne vulgairement, et celui de mollusques *tuniciers* que lui donnent les savants. Dans l'intérieur de ce sac, un autre manteau renferme les organes de la respiration, de la circulation et de la nutrition. La bouche est placée au fond de l'outre, et une multitude de cils vibratiles qui se dressent à l'intérieur de celle-ci dirigent vers elle les particules alimentaires. L'ascidie demeure toute sa vie fixée à la même place, et souvent à de grandes profondeurs, n'exécutant d'autre mouvement qu'une contraction et une dilatation des deux orifices, par lesquels l'eau ambiante est tour à tour introduite et expulsée. Veut-on prendre l'animal, il lance au loin, sous forme de jet prolongé, l'eau qu'il contenait. Les ascidies sont nombreuses dans toutes les mers, et surtout dans celles des régions boréales.

Ce sont des animaux à métamorphoses: les larves sont libres, de couleur rouge, avec une grosse tête et une petite queue, qui les fait ressembler à un têtard. Voici de quelle aimable façon M. Moquin-Tandon raconte les changements qu'elles éprouvent:

« A l'époque où ces larves doivent se fixer, voici ce qui arrive. Elles appuient leur tête contre un corps solide, et restent là, la queue en l'air. Représentez-vous des baladins qui feraient l'*homme droit*. En même temps leur face s'élargit et semble se creuser. L'animal sort alors de son calme habituel; il témoigne par de violentes commotions que ce n'est pas volontairement qu'il est retenu. L'amour de la liberté semble plus fort chez lui que le besoin de transformation. Il fait tous ses efforts pour se dégager. Les vibrations de sa queue deviennent si rapides, qu'on ne peut plus la distinguer. Hélas! la pauvre bête est collée, solidement collée, et pour toujours collée! Enfin cette agitation s'apaise. Une matière sort des bords de la tête, s'étale sur le corps solide, et la larve demeure irrévocablement fixée. La queue disparaît; elle n'était plus bonne à rien. Une tunique résistante s'organise autour de l'animal, et sur les marges de la partie adhérente

surgissent de nombreuses saillies radiculaires qui as-
surent sa fixation. »

LES ASCIDIES SOCIALES

ET LES ASCIDIES COMPOSÉES.

Plus bas que les ascidies simples ou solitaires, sont
les *ascidies sociales*, ainsi nommées parce que les individus de cette espèce, au lieu de vivre isolément,
sont réunis sur un même pied; telle est la *boltenie
pedonculée*, et le *perophore de Lister*.

Plus bas encore sont les *ascidies composées*, qui se
soudent entre elles d'une façon bien plus intime que
les précédentes, formant, si elles sont fixées, tantôt des
plaques comme le *botrylle doré*, et tantôt des grappes,
et, si elles sont libres, des chapelets, ou des rubans
comme les salpes. C'est un genre
de vie très-semblable à celui
qu'on observe si fréquemment
parmi les zoophytes, dont nous
nous rapprochons évidemment
de plus en plus; et, en effet,
jusqu'à Cuvier, les ascidies sociales et les ascidies composées
ont été considérées comme faisant partie des zoophytes.

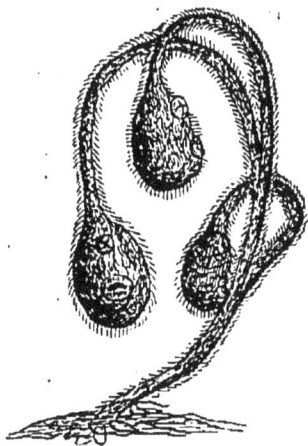

Boltenie pedonculée.

Les *biphores* ou *salpes* forment quelquefois, au
dire du physiologiste allemand Burdach, des chaînes

longues de quarante lieues, qu'on voit flotter à la surface de la mer, et qui répandent la nuit une lumière phosphorescente. Les individus qui composent cette chaîne, ou ce *serpent de mer*, comme le nomment les marins, nagent sur le dos et à reculons.

Péróphore de Lister.

Ce sont des animaux de forme cylindroïde, très-

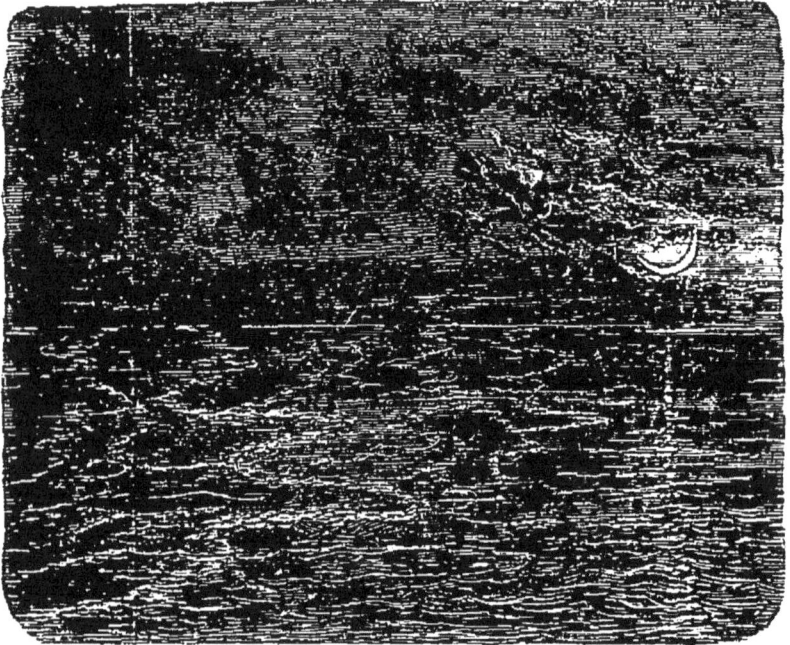

Chaîne de salpes.

transparents, gélatineux, habituellement tronqués aux deux extrémités, enveloppés d'une membrane presque cartilagineuse, qu'on nomme manteau. Ils ont une ouverture antérieure et une postérieure, communiquant entre elles par un canal qui traverse tout le corps. Ils aspirent l'eau par l'ouverture postérieure qui

7*

est munie d'une valvule, et la rejettent par l'ouverture antérieure, et c'est ainsi qu'ils se meuvent. C'est dans l'ouverture antérieure que sont situés la bouche et l'anus. Ils ont un estomac, un intestin court, un foie, un cœur, une branchie.

Tels sont, pris isolément, les anneaux de ces interminables chaînes que forment les salpes. Mais, outre ces prodigieuses communautés, on rencontre des salpes solitaires, et ces individus isolés ont été l'occasion d'une des plus belles et des plus fécondes découvertes

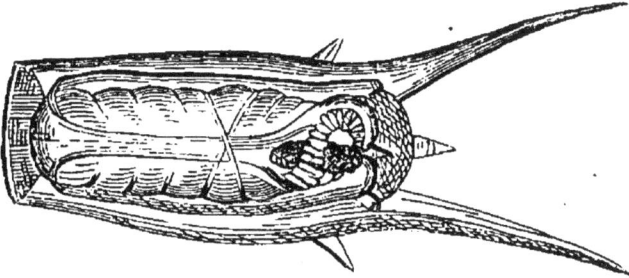

Salpe solitaire.

dont les sciences naturelles se soient enrichies depuis un demi-siècle.

Cette découverte, c'est un homme trois fois illustre, Chamisso, poëte, naturaliste et voyageur, qui l'a faite en 1815, en collaboration d'Eschschol.

Il a reconnu que les salpes solitaires sont les filles des salpes agrégées, et qu'à leur tour ces salpes solitaires donnent naissance à des salpes agrégées. De sorte que, comme le dit Chamisso : « Chaque *salpa* ressemble, non à sa mère, non à ses filles, mais à son aïeule, à ses petites-filles et à ses sœurs. » — « J'ai vu, ajoutait-il, le cycle entier de ces *alternances de générations* chez un biphore des mers des Canaries, la *salpa pinnata*. »

C'était le premier exemple de ce qu'on a appelé la *génération alternante*, dont on a trouvé depuis des cas bien plus extraordinaires, comme on le verra par l'histoire des méduses.

Mais, ainsi qu'Isidore Geoffroy-Saint-Hilaire en a fait la remarque, celui qui annonçait cette découverte en 1819, « était plus connu comme poëte et romancier, que comme voyageur et naturaliste ; et, malgré la netteté de ses affirmations, malgré la précision des détails dont il les appuyait, on crut longtemps que Chamisso venait de faire un roman de plus. Sa découverte resta comme non avenue, et l'on n'en continua pas moins à maintenir dans la science l'aphorisme linnéen : *Simile semper parit sui simile* : Le semblable engendre toujours son semblable. »

Cependant, non-seulement tout ce qu'avait dit Chamisso était vrai, mais il n'avait pas dit, il n'avait pas connu toute la vérité. Non-seulement des biphores agrégés engendrent des biphores solitaires, qui à leur tour engendrent des biphores agrégés ; mais, de même qu'il y a entre eux alternance de mode d'existence, il y a de plus alternance de mode de génération. Les biphores libres ne donnent pas des biphores agrégés de la même façon que les biphores agrégés donnent des biphores libres, et tandis que ces derniers sont neutres, c'est-à-dire qu'ils n'ont pas de sexe, les premiers sont à la fois mâles et femelles. Les biphores

libres se reproduisent par un bourgeonnement intérieur, et les biphores agrégés produisent des œufs qui
éclosent dans l'intérieur de leur corps; ils sont ovo-
vivipares. C'est pourquoi le savant naturaliste danois
Streenstrup, qui a fait une étude approfondie de ces
phénomènes, donne aux biphores agrégés le nom de
mères, et le nom de *nourrices* aux biphores libres.

Supposons que le têtard de la grenouille, au lieu de
se transformer en grenouille, se reproduise, et qu'il
donne naissance à un individu qui ne ressemble ni
au têtard, ni à la grenouille, mais qui en se reproduisant à son tour donnera naissance à une grenouille; ce serait un cas de génération alternante. Ce
qui montre que la génération alternante n'est autre
chose qu'un cas particulier des métamorphoses; c'est
une métamorphose dont l'accomplissement demande
plusieurs générations, et, par conséquent, des larves
douées de la faculté de se reproduire; c'est, dit Isidore
Geoffroy, « une sorte de métamorphose, non de l'individu, mais de l'espèce. » M. de Quatrefages comprend
ces phénomènes sous le titre de *géagenèse*.

Les *pyrosomes*, ou littéralement *corps de feu*, sont
un autre genre d'ascidies composées. Les animaux qui
composent la communauté, lesquels sont fusiformes et
gélatineux, se groupent autrement que dans la salpa;
ils forment ensemble; en se réunissant par leur partie
moyenne, un cylindre creux, une sorte de manchon
fermé à l'une de ses extrémités, et c'est par les dila-
tations alternatives de ce cylindre qu'ils se meuvent

à la surface des mers. On les rencontre dans l'Océan
et dans la Méditerranée. Leur nom leur vient de la
propriété dont ils jouissent d'émettre de la lumière ;
aucun autre animal n'en jouit à un plus haut degré.
On les voit passer en un instant par toutes les couleurs
du spectre. Les célèbres voyageurs Peron et Lesueur,
dans leur traversée d'Europe à l'île de France, en
rencontrèrent une espèce, le *pyrosoma atlantica*,
qu'ils comparent pour l'éclat à un cylindre de fer
chauffé au rouge ; et Humboldt en a observé qui jetaient
une telle lumière, qu'elle laissait voir à une profondeur de cinq mètres les poissons qui suivaient le navire.

Les biphores et les pyrosomes sont libres, ils vont
et viennent dans l'étendue des mers ;
les *botrylles*, autres ascidies composées,
ne le sont pas ; toute leur existence,
moins les premiers moments, se passe
à la même place ; c'est un nouveau degré
d'infériorité. En outre, les individus
qui font partie de l'association ont en
commun certains organes et certaines fonctions, ce qui
les rapproche encore des zoophytes.

Botrylle doré.

Comme tous les animaux fixés, les botrylles commencent par être libres, et, de plus, leur larve est
isolée. Le moment vient où elle se fixe, soit sur un
fucus, soit sur un mollusque. Elle grandit, puis se met
à bourgeonner, et de son corps naissent de nouveaux
individus au nombre de dix à vingt, semblables à
elle, ovales, aplatis, disposés autour d'un centre com-

mun comme les rayons d'une roue, fixés par le dos
au corps qui les porte, et soudés entre eux par les
côtés. Chacun a une bouche placée à l'extrémité libre;
mais tous les intestins aboutissent à une cavité unique,
située au centre de la communauté. Ils mangent donc
séparément; mais ils excrètent ensemble les résidus
de la nutrition, et, comme le dit M. Moquin-Tandon,
« on peut considérer l'étoile entière comme une seule
bête à plusieurs bouches. »

LES BRYOZOAIRES.

Les bryozoaires ou *animaux mousse*, ainsi nommés
parce que plusieurs d'entre eux forment à la surface
des plantes marines, sur lesquelles ils vivent, des dé-
pôts qui ont quelque ressemblance avec la mousse,
sont les derniers des mollus-
ques. Ce sont encore des mollusques agrégés. On les a
pendant longtemps confondus
avec les polypes. Les *flustres*,
par exemple, ne se distinguent pas à première vue d'un

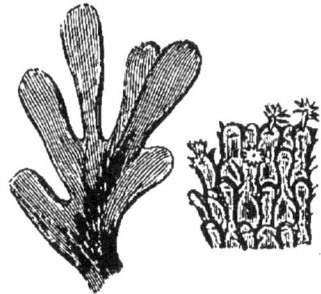

Flustre foliacé.

polype à polypier. Cette petite construction se compose
de cellules ou alvéoles, placées côte à côte, et dont
chacune renferme un animalcule, qui de temps à autre
projette au dehors ses bras ou tentacules couverts de
cils vibratiles, et c'est ce qu'on voit bien dans la plus
petite des deux figures ci-jointes.

LES INSECTES

Les insectes nous introduisent dans une nouvelle division du règne animal. Ils appartiennent, comme les *crustacés* (crabes, homards, etc.), les *annélides* ou vers, les *myriapodes* (mille-pieds), et les *arachnides* (araignées), à la grande division des ANIMAUX ARTICULÉS.

Le corps de l'animal articulé, que cet animal soit un insecte, un crabe, un ver, un mille-pieds, ou une araignée, est formé d'une série d'anneaux placés à la suite des uns des autres, exactement comme les vertèbres des animaux supérieurs. Mais, tandis que chez ceux-ci le squelette est intérieur, ici les parties dures sont au dehors, elles enveloppent l'animal. Chaque anneau porte ou peut porter des appendices particuliers, des pattes en dessous, des ailes en dessus, des mâchoires et des antennes en avant, des filets de différentes sortes en arrière; tous sont traversés par le tube digestif qui s'étend d'un bout à l'autre du corps; au-dessous de ce tube est située une double chaîne de petites masses nerveuses ou de ganglions, de sorte que la position du système nerveux occupe chez ces animaux une position inverse de celle qu'elle a chez les vertébrés, où, comme on sait, il est placé au-dessus du tube digestif. Il n'y a d'exception que pour le ganglion cérébral, qui, chez les animaux articulés comme chez les vertébrés, occupe la partie supérieure de la tête. Cela dit, je reviens aux insectes.

Ce sont, en général, de bien petites bêtes; on aurait tort pour cela de les croire méprisables; et c'est ce que nous allons prouver.

LES AMIS ET LES ENNEMIS.

Nous n'avons pas d'ennemis plus sérieux que l'insecte nuisible. L'homme lui-même ne fait pas courir de plus grands dangers à l'homme. Ce qu'une armée d'invasion est au peuple envahi, l'insecte nuisible l'est à tout le genre humain. Une armée ne s'entend pas mieux à dévaster une forêt, à stériliser un champ cultivé, à faire d'une maison une ruine, à détruire les fruits de l'épargne, à travailler pour le néant.

Trois cent mille espèces d'insectes, armées de tarières, armées de tenailles, armées de scies, nous assiégent jour et nuit, et dès que notre surveillance se relâche, envahissent nos champs, nos greniers, nos chantiers, nos demeures, ne s'arrêtant, si l'on n'y met obstacle, que lorsqu'il ne reste plus rien à détruire.

La pyrale se charge de la vigne, le bombyx processionnaire fait son affaire du chêne. Nos grains à

l'aleucite et au charençon; nos constructions au termite et au taret. Toute œuvre sortie de nos mains
est en butte aux attaques d'une légion d'ennemis. J'ai
nommé la pyrale : vingt-six espèces d'insectes, appartenant à quatre ordres différents, attaquent nos
vignobles, qu'une seule dévasterait : en dix années,
la pyrale a infligé au Maconnais et au Beaujolais une
perte de trente-quatre millions de francs.

Columelle n'exagère donc pas, quand il met les
volucres et les chenilles, ennemies de Bacchus et des
vertes saussaies, au rang des fléaux les plus redoutables, à côté des tempêtes, de la grêle et des inonda-
tions.

C'est que la prodigieuse fécondité des insectes, leur
insatiable appétit, leur prodigieuse activité, compensent au centuple leur petitesse.

Une reine de termite pond d'un jet continu, à raison
d'un œuf par seconde, quatre-vingt-six mille quatre
cents œufs en vingt-quatre heures. Une seule femelle
de *tenthredo pini*, si rien n'arrêtait sa multiplication,
donnerait naissance en dix ans à deux cent mille
billions d'individus. La postérité d'une femelle de
puceron s'élèverait dès la dixième génération à un
quintillion de pucerons. Et ce ne sont que quelques
exemples entre mille.

Le savant docteur Ratzebourg écrit qu'un tronc de
sapin donne quelquefois asile à vingt-trois mille
couples de *bostrichus typographus*. En 1839, dans la
Saxe-Altenbourg, cinq cents acres de bois furent ra-

vagés par la *leparis monacha*, vulgairement *religieuse*
ou *nonnette*. On en détruisit plus de vingt millions
d'individus. On ramassa en 1856 trente-trois millions cinq cent quarante mille hannetons dans les seuls
environs de Quedlinbourg, en Prusse.

M. Joly, professeur à la faculté des sciences de
Toulouse, raconte qu'en 1813, 1815, 1822 et 1824,
une telle quantité de *criquets voyageurs* s'abattit sur
la Provence, que la ville de Marseille et celle d'Arles,
qui les mirent à prix, et qui payaient le kilogramme
d'œufs cinquante centimes, et le kilogramme d'insectes vingt-cinq centimes, dépensèrent pour ce seul
article, la première vingt mille francs, et la seconde
une somme d'un quart plus forte.

Dans les trois années 1837, 1838 et 1839, les forêts
des environs de Toulouse furent envahies sur un espace de vingt-cinq lieues carrées par le *liparis dispar*.
Au bruit des chenilles rongeant les feuilles, on se fût
cru dans une magnanerie; quand les chênes furent
entièrement dépouillés, elles se jetèrent sur les
saules.

On a vu le *bombyx monacha* dévaster, en trois ou
quatre ans, plus de quatre-vingt mille hectares de
forêts dans la seule province de Prusse. Saint Augustin
parle d'une nuée de criquets dont les cadavres cau-
sèrent en Numidie une peste qui fit périr huit cent
mille personnes. C'est à faire rougir un Attila!

Ce n'était pas trop d'un dieu, au dire des Érythréens,
pour venir à bout d'un seul de ces ennemis, et ils

donnaient à Hercule le nom d'*Ipoctone* en souvenir de sa victoire sur les *Ipes*, insectes qui rongent la vigne. Seuls contre les insectes nous succomberions.

Chaque année le Lapon s'enfuit vers le Nord, ou s'élève de cimes en cimes jusqu'à ce que le froid, dû à la latitude ou à la hauteur, ait jeté entre lui et l'ennemi qui le force à émigrer une barrière inaccessible pour ce dernier ; il bat en retraite devant une mouche, un œstre, dont le seul bourdonnement jette la terreur dans les troupeaux de rennes.

Lorsque la civilisation voudra prendre possession de certaines parties de l'Afrique australe, l'ennemi auquel il lui faudra d'abord disputer le terrain sera la mouche *tsetsé*, bien autrement redoutable que le lion pour le gros bétail. On a vu dans l'Amérique du Sud des colons attaquer avec du canon les constructions gigantesques du *termite*, improprement nommé *fourmi blanche*, et qui appartient au même ordre entomologique que nos libellules.

L'insecte est si fort que nous ne pouvons en triompher qu'à la condition de nous faire un parti chez lui. Mais la Providence nous a ménagé des alliances dans ses rangs. Heureusement pour nous, un grand nombre de ces petites bestioles ont les mêmes intérêts que nous-mêmes, et leur concours nous est assuré. Quelle leçon d'humilité : notre ennemi le plus redoutable ne se rencontre pas parmi les princes du règne animal ; ce n'est ni le lion, ni l'éléphant, ni le crocodile : c'est l'insecte ; moins que cela, un être ébauché, inachevé,

embryonnaire, la larve! Un peuple de larves nous
tient en échec. Et quelle leçon de solidarité : la prospérité de l'agriculture, et par suite, le progrès social
tout entier, liés à la fonction de quelques insectes
perpétuellement affamés d'insectes! Vingt-deux genres
d'insectes attaquent la pyrale, qui attaque la vigne La
larve du *calosome* envahit le nid des chenilles pro-
cessionnaires, ennemies du chêne, leur perce le ventre,
et ne cesse de s'en repaître qu'au moment où sa peau,
distendue à l'excès par la masse de la nourriture in-
gérée, menace de se rompre. La larve de l'*ichneumon*
éclôt dans le corps même de la chenille qu'elle est destinée à détruire, elle y habite, elle en vit jusqu'au
jour où elle se métamorphose en nymphe. Une mouche,
l'*asile*, est perpétuellement en quête de petits papillons, de mouches, de typules, de bourdons, qu'elle
saisit au vol à l'aide de ses longues pattes. Partout où
les *carabes* sont en nombre, on ne trouve bientôt plus
le *mans*, hideux et redoutable ver du hanneton. L'armée alliée n'est ni moins nombreuse, ni moins bien
outillée, ni moins active que l'armée ennemie.

Connaître les insectes alliés, les protéger, les multiplier, tel est donc le rôle que notre intérêt nous
conseille. Malheureusement, entre les insectes destructeurs de récoltes, et ceux qui ont pour fonction de
limiter le nombre des précédents, les paysans n'établissent pas de différence. Utiles ou nuisibles, ils leur font
à tous le même sort, celui qu'ils réservent également
aux oiseaux de proie nocturnes et à la multitude des

oiseaux insectivores, à la musaraigne et à la taupe parmi
les mammifères, à la couleuvre et au crapaud parmi les
reptiles et les amphibiens. Un agriculteur, M. Chatel,
a calculé que la conservation des oiseaux de nuit sau-
verait annuellement douze à treize millions d'hecto-
litres de céréales, dévorées par les rats et les campa-
gnols. De sorte qu'il est vrai de dire que l'homme a
un ennemi bien plus dangereux encore que ceux qui
viennent d'être dénoncés, et cet ennemi, c'est l'igno-
rance.

Instruisons-nous donc.

LES MÉTAMORPHOSES.

La vie de l'insecte est pleine de merveilles; mais la
plus grande est celle dont je viens d'écrire le nom.

On a cru pendant longtemps, comme je l'ai déjà dit,
que les insectes étaient les seuls animaux qui éprou-
vassent des métamorphoses; ceux qui ont lu les pages
précédentes savent que c'était une erreur; on le verra
encore mieux par la suite. Mais du moins les métamorphoses sont-elles très-générales parmi les animaux
qui nous occupent?

Elles sont générales, mais il y a cependant des exceptions; en outre, elles ne sont pas également impor-
tantes chez les insectes: cela vient de ce qu'ils ne sortent
pas tous de l'œuf au même degré de développement.
Les uns en sortent plus tôt, les autres plus tard; ceux-ci

ont, par conséquent, moins de chemin à faire que les premiers pour arriver à l'état parfait, et dès lors ils éprouvent des changements moins profonds. Il y en a même qui sortent de l'œuf sous la forme de l'adulte; ces derniers n'ont pas de métamorphoses du tout.

Mais ces exceptions ne sont pas assez nombreuses pour infirmer ce qui a été dit dans le chapitre précédent, que le monde des insectes est un monde de larves. C'est généralement à l'état embryonnaire que l'insecte joue la partie la plus importante du rôle qui lui est assigné dans l'économie de la nature, et c'est sous cette forme qu'il nous nuit davantage. L'insecte parfait n'a, dans un très-grand nombre de cas, d'autre fonction que d'assurer la perpétuité de l'espèce, c'est-à-dire, en résumé, de produire des larves. Ainsi, il y a certaines mouches qui passent plusieurs années sous ce dernier état, et qui ne vivent que quelques jours, qu'un jour même à l'état adulte. Le *hanneton* reste pendant quatre ans sous forme de ver, et quand il prend des ailes, il n'a plus que huit ou dix jours à vivre. La larve du fourmi-lion vit deux ans, le *fourmi-lion* quelques jours. L'*éphémère*, ainsi nommé parce que le même soleil le voit naître et mourir, demeure près de trois années dans la vase sous forme de larve. Il y a même des insectes qui, devenus adultes, ne mangent pas, leur rôle unique étant de pondre : tels sont les *œstres* et le *bombyx du mûrier*.

L'opposition entre la larve et l'insecte parfait est d'ailleurs, dans la majorité de ces cas, aussi grande

que possible : la forme, l'organisation, les mœurs, tout
diffère. Par exemple, l'une vivra du suc des fleurs, et
l'autre de proie vivante ; l'une habitera la vase, les
eaux croupissantes ou le corps des animaux vivants ;
l'autre, munie d'ailes, jouira de la liberté des airs ; l'un
respirera par des branchies, l'autre par des poumons.
Celui-ci serait asphyxié dans l'élément dont le premier
ne pourrait être tiré sans périr ; le jeune mourrait
d'inanition auprès des aliments dont se nourrit l'a-
dulte, et *vice versâ*. On dirait des animaux différents :
et combien de fois, en effet, est-il arrivé qu'on les ait
pris pour tels !

Pendant longtemps on a dit que les insectes à métamorphoses passaient tous par trois états différents :
celui de larve, celui de nymphe, et celui d'*image* ou
d'insecte parfait. On a un exemple de cette succession
d'états dans le *bombyx du mûrier*, dont il a été question dans l'introduction. Mais, outre qu'elle ne se présente pas toujours, et que dans une multitude de cas
il est impossible, à moins de se payer de mots, de distinguer ces trois états, la transformation est, au contraire, ainsi qu'on l'a reconnu dans ces dernières
années, infiniment plus compliquée chez certains insectes : et de là le nom d'*hypermétamorphose* donné à
ce phénomène. Nous en dirons quelques mots.

Plusieurs méloïdes (les sitaris, les méloés), si ce n'est
tous, sont, dans leur premier âge, parasites des hyménoptères récoltants.

Or la larve des méloïdes, avant d'arriver à l'état de

nymphe, passe par quatre formes, que M. Favre, qui les a étudiées, désigne sous les noms de *larve primitive*, seconde larve, *pseudo-chrysalide*, et troisième larve. Le passage de l'une de ces formes à l'autre s'effectue par une simple mue, sans qu'il y ait de changements dans les viscères.

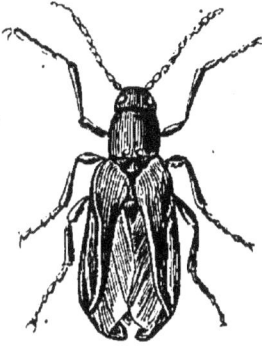

Sitaris huméral.

La *larve primitive* est coriace, et s'établit sur le corps des hyménoptères. Son but est de se faire transporter dans une cellule pleine de miel. Arrivée dans la cellule, elle dévore l'œuf de l'hyménoptère, et son rôle est fini.

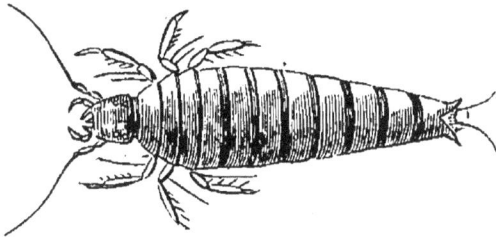

Première larve du sitaris huméral.

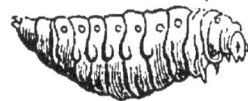

Deuxième larve du sitaris huméral.

La *seconde larve* est molle, et diffère totalement de la larve primitive par ses caractères extérieurs. Elle se nourrit du miel que renferme la cellule usurpée.

La *pseudo-chrysalide* est un corps privé de tout mouvement, et revêtu de téguments cornés comparables à ceux des chrysalides. Sur ces téguments se dessine un masque céphalique, sans parties mobiles et distinctes, six tubercules, indices des pattes, et neuf paires d'orifices stigmatiques.

La *troisième larve* reproduit à peu près les caractères de la seconde.

A partir de ce point, les métamorphoses suivent leur cours habituel, c'est-à-dire que la larve devient une nymphe, et ensuite cette nymphe un insecte parfait.

Ces singulières transformations rappellent celles que Von Siebold a étudiées chez les strésiptères, autres parasites des hyménoptères récoltants.

Nymphe du
sitaris huméral.

Mais chez ces insectes, les mâles seuls subissent une métamorphose complète. Les femelles, parvenues à leur dernier degré de développement, ressemblent beaucoup à des larves, et n'ont ni pieds, ni ailes, ni yeux. Ces femelles ne quittent jamais leurs victimes; elles sont vivipares, et donnent naissance à des larves hexapodes, très-agiles, et assez semblables, pour l'aspect extérieur, à la larve des méloïdes.

Une fois éclos, les jeunes strésiptères ne tardent pas à pénétrer dans le corps des larves d'hyménoptères, dont ils partagent le nid, et dont les sucs doivent leur servir de pâture; là ils perdent leurs pattes à la suite d'une mue. Du reste, Siebold ne signale aucune différence entre l'organisation intérieure des larves sans pieds et celle des larves hexapodes. M. Favre, comme on l'a vu, n'a pas observé non plus le moindre changement dans la structure intérieure des larves de méloïdes, pendant qu'elles passent par les diverses formes qui précèdent l'état de nymphe.

Il en est tout autrement des œstrides, ou du moins de l'*œstre du cheval*, chez lequel M. Joly a signalé un vrai cas d'hypermétamorphose. Il a constaté que non-seulement la forme, mais encore la structure de la larve de cet *œstrus equi*, diffèrent considérablement au moment de la naissance de celles des larves qui ont pris de l'accroissement. Ainsi, au lieu d'être brusquement tronquée à sa partie postérieure, la jeune larve a cette partie effilée, et terminée par deux tubes respiratoires analogues à ceux de beaucoup de diptères aquatiques, tubes qui sont plus tard remplacés par un appareil si curieux et si compliqué, qu'il serait peut-être bien difficile d'en citer un autre exemple dans l'innombrable armée des insectes. Le système nerveux éprouve aussi des modifications extrêmement remarquables.

Cela dit, nous allons, passant la revue de la plupart des ordres entre lesquels la classe des insectes se divise, noter les principales métamorphoses que ces ordres présentent.

LES APTÈRES.

C'est l'ignoble engeance des poux, des puces, etc. Ces dernières ne naissent pas sous la forme de l'insecte parfait.

De leurs œufs sortent des larves sans pattes, des espèces de vers, d'une très-grande agilité et qui ne connaissent qu'une occupation : manger. Et que mangent-ils? de petits grains noirs qu'on trouve répandus autour de leur domicile. Ces grains noirs sont du sang coagulé qu'une mère prévoyante leur apporte. Quand les larves ont acquis toute leur croissance, elles filent une coque à l'intérieur de laquelle elles restent quinze jours. Lorsqu'elles en sortent, chacun sait ce qu'elles sont et ce qu'elles font.

Elles ont un ennemi que nous devrions traiter en ami, malgré son nom peu engageant de *chelifer cancroïdes*.

« C'est, nous écrit un membre correspondant de l'Académie des sciences, M. le docteur Guyon, c'est une toute petite bête que nous nous hâtons d'écraser — barbares que nous sommes — dès que nous l'apercevons. Toutes les femmes de chambre la connaissent. Quel nom lui donnent-elles? je n'en sais rien ; mais on peut affirmer qu'il doit figurer dans leur esprit au nombre des plus *vilaines bêtes*. Quoi qu'il en soit, le *chelifer cancroïdes*, malgré sa forme d'araignée et ses serres ou pinces de scorpion, non-seulement ne nous fait aucun mal, mais encore nous rend des services en faisant la chasse aux puces, dont il nous épargne ainsi bien des piqûres.

« Un jour que je soulevais mon oreiller, j'aperçois au-dessous, sur le drap, un *chelifer*, et comme j'aime assez les bêtes de toutes sortes, l'idée me vint de l'examiner de plus près. Or que vis-je ainsi? mon *chelifer* gorgé de sang et tout alourdi par ce fait, tandis qu'une puce qu'il tenait dans une de ses serres avait l'abdomen ouvert et exsangue. Il ne m'en fallut pas davantage, comme bien vous pensez, pour prendre la petite bête en haute estime, et je le lui témoignai tout de suite en baptisant son espèce du nom de pucivore. »

Une espèce de puce, qu'heureusement on ne con-naît ici que de nom, c'est la *chique* ou *puce pénétrante*. Elle habite l'Amé-rique méridionale, et plus spéciale-ment les pieds des nègres. C'est là du moins, sous la chair, principalement vers le talon, sous les ongles, que la femelle élit son domicile. Elle y pros-

Puce pénétrante
(très-grossie).

père si bien et son abdomen devient si gros (gros comme un petit pois), qu'elle détermine des ulcères quelquefois mortels.

Le pou n'éprouve pas de métamorphoses; il n'a que des mues; ses œufs sont de véritables œuvres d'art. Cela ne se voit qu'au microscope. Un petit couvercle les ferme; quand l'insecte est mûr, il ouvre la boîte et sort.

LES DIPTÈRES ou MOUCHES.

Ces insectes subissent des métamorphoses complètes. Les larves, dépourvues de pieds, ont la tête molle, et ce sont les seules qui soient dans ce cas. Leur bouche est

ordinairement armée de deux crochets qui servent aux
unes à « piocher les matières alimentaires, » selon l'ex-
pression de Latreille, aux autres à se fixer aux animaux sur lesquels elles vivent. Quelques-unes changent de peau plusieurs fois pour se transformer en
nymphes et filent même un cocon ; d'autres se métamorphosent à l'intérieur de leur peau devenue cornée,
et dont elles se dégagent en temps voulu en en faisant
sauter l'extrémité antérieure.

Les *œstres de cheval* mangent peu, si même elles
mangent. Elles n'ont qu'une occupation : pondre et
placer leurs œufs en lieux convenables. C'est sur la
peau du cheval qu'elles les déposent. Des larves cylindriques en sortent ; elles n'ont pas de pattes, mais sont
munies en échange de deux crochets qu'elles enfoncent dans la peau du quadrupède. Celui-ci, voulant
calmer l'irritation qu'elles lui causent, se lèche et les
avale ; c'est ce qu'elles demandaient. Arrivées dans
l'estomac, elles s'y attachent et quelquefois s'y trouvent
en si grand nombre, qu'en certaines places cet organe
en est tout tapissé. Quand le moment vient pour elles
de se transformer, les crochets lâchent prise ; expulsées
alors en même temps que les aliments, elles s'enfoncent dans le sol, et quelques semaines après elles
ont des ailes.

Plusieurs mouches, ou du moins leurs larves, se lo-
gent chez nous aussi volontiers, mais non aussi fata-
lement que l'œstre chez le cheval. En voici quelques
exemples :

Une jeune femme de Puerto-Rico était depuis quelques semaines atteinte d'une ophthalmie palpébrale. Elle alla consulter M. Caron du Villars. A la première inspection, celui-ci déclara qu'il s'agissait de la larve de la mouche à viande, et qu'il en distinguait les crochets mandibulaires au rebord d'une espèce de fistule. Ayant introduit une pince à papille artificielle dans l'ouverture, le chirurgien en retira en effet une larve, non sans quelques efforts, car elle était beaucoup plus grosse que l'entrée de la fosse où elle était logée. L'animal était vivant, long de neuf lignes anglaises, pourvu de treize anneaux recouverts de poils, et muni d'un appendice caudal à trois branches. Bientôt disparurent les symptômes d'ophthalmie. Il est probable que pendant le sommeil de la malade une mouche à viande avait pondu ses œufs au grand angle de l'œil. Un de ceux-ci étant éclos, la larve avait creusé sa niche pour y attendre sa période d'évolution.

M. J. Cloquet, membre de l'Académie des sciences, a raconté, il y a peu d'années, l'histoire d'un chiffonnier de Paris qui s'endormit un jour dans la rue. Des mouches, ne distinguant pas le dormeur du tas d'ordures sur lequel il s'était étendu, déposèrent leurs larves dans ses narines et dans ses oreilles. Lorsque ce malheureux se réveilla, déjà les parasites avaient commencé leur abominable besogne ; il se présenta à l'hôpital, ayant la face et le cuir chevelu criblés de trous, et presque entièrement rongés. On eût dit la tête d'un cadavre en putréfaction ; il ne tarda pas à mourir des suites d'une inflammation qui s'étendit jusqu'au cerveau.

Une autre larve de mouche, coutumière du fait, provoque dans les provinces nord-ouest de l'Inde une affection horrible, nommé *peenasch*, mot sanscrit qui veut dire *maladie du nez*. Cette petite larve a des yeux, une bouche, une queue en spirale dont les articulations lui permettent de se mouvoir avec rapidité. Elle se loge dans la lame criblée de l'ethmoïde, et ronge les parties molles du nez, qui bientôt devient camard. Plus tard les os tombent et laissent voir une cavité hideuse. Quelquefois aussi les vers pratiquent de dedans en dehors un grand nombre de trous qui donnent à la partie attaquée l'aspect d'un rayon de miel. En même temps les narines sont le siége de vives douleurs et d'un écoulement fétide. Mais écartons ces affreuses images.

Tout le monde connaît et connaît trop le *cousin*. Personne ne le reconnaîtrait assurément dans sa larve. Celle-ci vit dans les eaux croupissantes. M. Pouchet a découvert qu'elle a huit estomacs à sa disposition ; ils sont disposés en cercle autour de l'intestin.

Les *asiles* sont parmi les mouches ce que les faucons et les aigles sont parmi les oiseaux ; ce sont des mouches de proie, à la vue perçante, au vol puissant. S'élançant à la poursuite des petits papillons et autres insectes ailés, elles les saisissent dans les airs et les emportent pour les dévorer, ou du moins pour les sucer à leur aise. Ce sont des insectes utiles.

Il en est de même des *mouches hérissonnes,* ainsi nommées à cause de leurs poils roides. Elles déposent leurs œufs dans le corps des chenilles; la larve issue de l'œuf se trouvant bien dans la chenille y demeure, et la malheureuse bête en loge quelquefois trois ou quatre.

La *cecidomyie du froment* est une mouche. Le froment, comme l'indique le nom spécifique, est son lieu d'élection; jamais on ne l'a trouvée sur le seigle. On dirait un petit cousin de couleur jaune. Son corps est long de deux millimètres et terminé par une tarière dont la ténuité égale celle d'un fil de ver à soie. Ses ailes sont longues et transparentes. Ses yeux, très-grands, sont noirs. Elle fuit le soleil et cherche l'obscurité. Pendant le jour elle habite le bas des tiges du blé, et le soir, au coucher du soleil, ou même le jour, quand le ciel est voilé, on la voit prendre sa volée et s'arrêter sur les épis. Elle enfonce sa tarière entre la glume et l'épillet, et y dépose ses œufs. Elle fait cela un peu avant que les épis fleurissent. Ainsi protégés contre les intempéries de l'air, les œufs éclosent et donnent naissance à des larves.

Celles-ci, d'abord blanchâtres, deviennent bientôt d'un jaune vif, et dès ce moment on les voit aisément à l'œil nu groupées au nombre de 15 à 20 dans un seul grain. Le suc destiné à former la substance farineuse fait leur nourriture; si elles sont assez nombreuses pour absorber tout le suc, il y a absence complète de grains; si l'absorption n'est que partielle, le développement du grain est incomplet, et alors on trouve, sur le même épi, des grains contournés, amaigris, bosselés, qui vont au vannage constituer ou grossir ce qu'on appelle le menu blé.

Lorsqu'elles ont atteint leur entier développement, elles gagnent la terre et s'y abritent près de la tige du blé ; c'est avant l'époque de la moisson. Elles passent ainsi la fin de l'été, l'automne, l'hiver, le printemps, plongées dans un état de torpeur et d'immobilité. Au printemps elles se changent en nymphes, qui bientôt se transforment en insectes ailés.

C'est à la fin du siècle dernier que, pour la première fois, la cecidomyie attira l'attention des agriculteurs et des entomologistes. Elle pullula alors à tel point en Angleterre, et y fit de si grands ravages, que dans certains districts il y eut des champs entiers qui ne donnèrent pas un seul grain de blé. Les mêmes dévastations se produisirent en 1832 dans l'Amérique septentrionale, où la récolte fut presque complétement perdue dans plusieurs États ; celui du Maine souffrit à lui seul un dommage évalué à plus de cinq millions. Le même insecte a produit des ravages moins considérables, mais cependant très-grands, en Picardie et dans le département de l'Yonne.

Heureusement la cecidomyie a un ennemi : c'est l'*inostemma punctiger*. Il vit à ses dépens comme elle vit aux dépens du blé. Il est à peu près de même taille qu'elle, entièrement noir, sauf ses pattes, qui ont un aspect fauve. Ses ailes sont courtes et peu développées.

Sa mobilité est cependant extrême, et on le voit aller
sans cesse de droite et de gauche. On le rencontre aussi
posé sur les épis. Il est à son travail. Armé d'une tarière
plus longue que son corps, et terminée en fer de lance,
il s'en sert pour déposer ses œufs aux endroits mêmes
où la cecidomyie a placé les siens. Sa larve pénètre dans
celle de la cecidomyie, vit de sa substance, la fait périr,
et de son enveloppe se fait un abri.

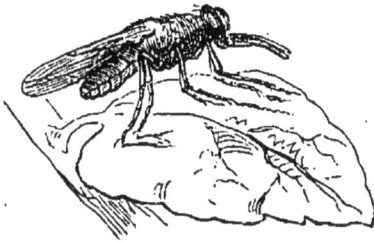

Tsetsé grossie et vue de profil.   Tsetsé grossie et vue de face.

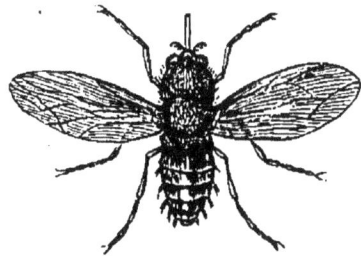

J'ai déjà nommé la *tsetsé*, insecte appartenant également à l'ordre qui nous occupe ; mais ce sujet mérite
qu'on y revienne.

Suivant la remarque d'un savant voyageur, M. Lu-
dovic de Castelnau, l'Afrique australe présente aujour-
d'hui un exemple curieux des grands effets que peuvent
produire des causes petites en apparence. En effet, au
point où a été amenée l'exploration des contrées cen-
trales de ce continent, ses progrès sont entravés, non
par un climat dévorant, ni par l'hostilité des indigènes,
mais par une mouche à peine plus grande que celle qui
habite nos maisons, la mouche tsetsé; dont la piqûre,
sans danger pour l'homme et pour les animaux sauvages,

tue infailliblement tous les animaux domestiques.

M. Green, lors de son voyage au nord du grand lac N'gami, perdit en peu de temps, pour cette cause, ses bêtes de somme et de trait, et se vit obligé d'abandonner son plan, qui était de gagner Libédé. Plus tard, les Griquas, conduisant huit wagons, essayèrent de traverser, au nord-ouest de la république des Trans-Vaal, le pays qu'habite cet insecte ; ils perdirent tous leurs animaux, furent forcés d'abandonner leurs wagons et de revenir à pied.

Le cheval, le bœuf, le chien, tous meurent après avoir été piqués ; ceux qui sont gras et en bon état périssent presque aussitôt ; les autres traînent pendant quelques semaines une vie qui s'éteint à vue d'œil. La tsetsé attaque habituellement l'entre-deux des cuisses et le ventre des animaux. Si l'on se trouve près d'un bœuf qui a été piqué, on entend pendant qu'il mange un bruit sourd et prolongé sortant de l'intérieur de l'animal. L'autopsie montre que la graisse a fait place à une matière jaunâtre, molle et visqueuse, et le plus souvent quelque partie des intestins est énormément renflée. La chair se putréfie en moitié moins de temps que la viande ordinaire.

La chèvre est le seul animal domestique qui puisse vivre impunément au milieu de ces diptères venimeux ; les chiens nourris exclusivement de gibier échappent au danger ; ils succombent infailliblement au contraire quand ils ont été nourris de lait, tandis que le veau à la mamelle n'a absolument rien à craindre.

Enfin l'éléphant, le zèbre, le buffle et toutes les espèces de gazelles et d'antilopes abondent dans les contrées habitées par la tsetsé sans en ressentir aucun mal ; c'est à l'animal domestique qu'elle en veut. Sur l'homme, l'effet de sa piqûre a de l'analogie avec celle des cousins ; mais la douleur est encore moins persistante que celle de ce dernier.

Il paraît que la tsetsé est stationnaire dans les localités qu'elle habite ; ainsi, il n'est pas rare de voir des bestiaux en très-bon état de santé d'un côté d'une rivière, tandis que l'autre côté est infesté par la mouche qui détruit infailliblement tout animal que le hasard y conduit.

La tsetsé n'a pas un vol incertain comme la plupart des diptères ; rapide comme une flèche, elle s'élance du haut d'un buisson sur le point qu'elle veut attaquer ; elle semble aussi posséder une vue très-perçante. M. Chapman raconte qu'étant à la chasse, et ayant dans son vêtement un trou presque imperceptible fait par une épine, il voyait souvent la tsetsé s'élancer et venir, sans jamais manquer son but, le piquer dans le petit espace qui n'était pas défendu.

Les Buchmen, au rapport de M. L. de Castelnau, dont nous suivons la relation, prétendent que cette mouche est vivipare, et M. Edwards, compagnon de M. Chapman, raconte qu'ils lui apportèrent un jour une femelle pleine, et que l'ayant coupée par le milieu du ventre, il en vit sortir trois petites mouches prêtes à prendre leur essor.

Je ne quitterai pas les diptères sans mentionner un
cas de métamorphoses nouvellement découvert, et
jusqu'ici unique parmi les insectes. C'est à M. N.
Wagner, naturaliste russe, qui habite Kasan, qu'on en
doit la connaissance. Il lui a été offert par un insecte
appartenant évidemment au même ordre que les
mouches, ou plutôt par la larve de ce petit être, car
l'insecte lui-même est encore inconnu; mais l'embryon
a tous les caractères d'un diptère [1].

C'est un ver blanchâtre, dépourvu de pattes. M. Wagner l'a découvert aux environs de Kasan, sous l'écorce
d'un ormeau mort. Or, chacune de ces larves était
remplie de larves. Était-ce un cas de parasitisme? Rien
n'est plus commun dans les domaines de l'entomologie
que de voir une larve domiciliée et attablée dans un
être vivant servir elle-même d'habitation et de pâture
à un autre animal; et qui sait jusqu'où cela peut aller?

Mais l'examen des petites larves exclut bientôt toute
idée de parasitisme, les animaux enveloppés ayant
jusque dans les moindres détails tous les caractères
de l'animal enveloppant.

Les petites larves seraient-elles donc les filles des
grandes? C'est ce que M. Wagner se demande, et il
résout la question par l'affirmative.

Il a vu, en effet, le corps graisseux de la chenille mère
se diviser, à un moment donné, en un certain nombre
de lobes, ces lobes s'entourer ensuite d'une membrane

[1] Il a été reconnu depuis que cette mouche appartient au genre
Cecidomyie, dont une espèce a été mentionnée plus haut.

propre, puis, ainsi isolés, se développer, sauf certaines différences, à la manière d'un œuf ordinaire.

Ainsi M. Wagner se trouvait en présence de larves engendrant d'autres larves, et les engendrant, non dans un organe spécial, mais à même leur tissu graisseux, aux dépens de celui-ci, et ajoutons, au prix de leur propre existence; car elles meurent après cette singulière parturition.

L'auteur a suivi le développement de cette génération entrée dans le monde d'une façon si excentrique, et il a vu qu'après avoir acquis une taille convenable, cette progéniture de chenilles éprouve les mêmes phénomènes qu'avaient présentés les mères.

Cela dure ainsi jusqu'au mois d'août.

A cette époque, les larves cessent de se reproduire, et elles se transforment en nymphes, comme font la plupart des insectes.

LES LÉPIDOPTÈRES ou PAPILLONS.

Ces insectes ont des métamorphoses complètes. Les larves, désignées sous le nom de *chenilles,* sont plus ou moins cylindriques, composées de douze anneaux sans compter celui qui forme la tête, munies de six pieds écailleux ou à crochets qui répondent à ceux de l'insecte parfait, et de quatre à dix pieds membraneux, portés par les anneaux de l'abdomen. La tête est cornée avec des antennes très-courtes et des yeux lisses; la bouche,

formée de mandibules et de mâchoires cornées et de
deux lèvres, diffère profondément de celle des papillons, et ressemble à celle des coléoptères. On trouve
dans certaines larves deux vaisseaux longs et tortueux
qui n'existent pas chez l'adulte ; ces vaisseaux aboutissent à un mamelon conique près de la lèvre inférieure : c'est par eux qu'est sécrétée la soie dont beaucoup de chenilles s'enveloppent lorsqu'elles vont se
métamorphoser. Les larves des lépidoptères changent
plusieurs fois de peau avant de se transformer en
nymphes. Celles-ci sont enveloppées dans une sorte
d'étui qui leur donne l'aspect d'une momie ; sous cette
enveloppe on distingue aisément les divers organes
extérieurs. L'insecte en sort en la déchirant, et lorsqu'il est en outre renfermé dans une coque soyeuse,
il ramollit celle-ci au moyen d'un fluide rougeâtre qu'il
rejette par l'anus. Selon Latreille, ces gouttelettes, répandues en abondance sur le sol par des légions de
papillons, ont été prises parfois pour des pluies de
sang.

A part les lépidoptères producteurs de soie, à la vérité
assez nombreux, tels que le bombyx du mûrier, du
ricin, de l'ailante, etc., nous ne trouvons guère ici
que des ennemis. De charmants ennemis, dirait-on
peut-être. Non. Ce qu'on admire, c'est l'insecte parfait ;
ce qui est à redouter, c'est la larve, la *chenille*.

Le *machaon* est le plus grand papillon de notre pays ;
ses ailes sont d'un beau jaune, bordées et tachetées de
noir ; les inférieures sont allongées en forme de queue :

à ce signalement tout le monde le reconnaîtra. Qui n'a vu également sur les plants de carottes, de panais ou de fenouil une fort belle chenille, belle comme une chenille! d'un vert brillant, avec des points rouges et des anneaux noirs. Cette belle chenille est la larve de ce beau papillon.

On trouve sur les choux qu'elles dévorent d'autres chenilles vertes aussi, mais beaucoup plus petites que la précédente; celles-ci sont destinées à devenir des *Danaïdes*.

On pourrait, à la rigueur, ranger parmi les insectes auxiliaires le papillon dont la chenille noire, épineuse, avec de petits points blancs, vit en troupes nombreuses sur l'ortie; mais la même chenille vit sur le houblon. Cette larve si sociable donne d'ailleurs un très-beau papillon, l'*œil de paon*, qui est noir en dessous, rougeâtre en dessus, avec une grande tache ronde en forme d'œil, ce qui lui a valu son nom.

La chenille d'une très-grosse espèce de *sphinx*, l'*atropos* ou *sphinx à tête de mort*, se nourrit de la feuille de la pomme de terre, qui n'a pas besoin de ce parasite pour se porter mal. Le nom sinistre donné à l'insecte parfait lui vient de la douteuse ressemblance des taches qui décorent son corselet avec la face d'un squelette humain. Les chenilles ont seize pattes et une corne sur la queue. Quand vient le moment de changer de forme, elles s'enfoncent en terre, où elles restent très-longtemps à l'état de chrysalides. Les sphinx ont les ailes longues, triangulaires, l'abdomen pointu.

Ils ne sortent généralement que le soir, et se nourrissent du suc des fleurs, toujours volant, car jamais on ne les voit s'arrêter sur les plantes, dont, à l'aide de leur langue excessivement longue, ils pompent le nectar.

Quand on connaît les preuves nombreuses de courage données par les abeilles, on s'étonne de l'impression que cause sur elles ce *papillon tête de mort*. Dépourvu d'armes et de tout moyen apparent d'attaque, celui-ci leur inspire une telle terreur, qu'elles se laissent dépouiller par lui de tout leur miel sans essayer seulement d'arrêter le pillage; et la ruche qui a été l'objet de ses entreprises est presque toujours abandonnée, comme l'étaient autrefois les maisons qu'on croyait hantées par les esprits.

« Quel moyen, demande un apiculteur, M. de Frarière, quel moyen possède-t-il pour frapper de terreur les abeilles si courageuses contre tous leurs autres ennemis? Elles qui comptent leur vie pour si peu de chose qu'elles la sacrifient souvent sans nécessité, que craignent-elles d'un papillon qui ne peut les blesser?

« Jusqu'à présent, continue-t-il, mes recherches ont été d'autant plus difficiles, que cette phalène ne paraît pas toutes les années, et que ses attaques n'ont lieu que la nuit. Voici les conjectures que j'ai pu former en étudiant attentivement ce qui se passe dans les ruches.

« Pendant la saison des essaims, le soir ou la nuit, lorsque tout est calme, les jeunes reines font entendre un chant singulier tout à fait distinct des sons divers que les abeilles produisent, et qui ont certainement un rapport avec leurs différents travaux.

« Au premier retentissement de ce chant étrange, les abeilles semblent frappées de terreur; elles sus- pendent leurs travaux et elles gardent un silence ri- goureux.

« Or, lorsque l'on saisit un papillon tête de mort, il est rare qu'il ne fasse pas aussi entendre une espèce de cri ayant beaucoup d'analogie avec celui des jeunes reines; et, de plus, il produit un engourdissement électrique en faisant vibrer son corps d'une manière très-singulière, et j'avoue que ce n'est qu'avec une répugnance extrême que je saisissais, même à travers un filet de mousseline, cet étrange animal.

« J'ai compris que, lorsque ce papillon veut se re- paître en sûreté du miel contenu dans les ruches, il lui suffit de produire ce son si effrayant pour les abeilles; peut-être aussi son frémissement électrique contribue-t-il à rendre leur terreur plus profonde. »

Cependant les abeilles, une fois averties par une pre- mière visite du terrible lépidoptère, ne restent point inactives; elles comprennent qu'il leur faut prendre des précautions pour repousser l'approche de l'ennemi. C'est alors qu'elles déploient leurs talents d'ingénieur. Les unes ferment l'entrée de leur ruche au moyen d'une large muraille de cire, percée de trous suffisants pour le passage d'une abeille, mais trop étroits pour la . phalène; d'autres lui opposent des espèces de retranchements placés les uns derrière les autres, et qu'on ne peut franchir qu'en cheminant en zig-zag; enfin chaque peuplade varie ses moyens de résistance, ce qui prouve non-seulement que les abeilles n'agissent pas machinalement et qu'elles ont un esprit de combinaison assez étendu. Ceci est un point sur lequel nous reviendrons.

Les *bombyx*, que recommande tant à notre estime le ver à soie du mûrier, forment un genre considérable qui renferme une centaine d'espèces. Ce ver à soie nous vient de Chine, où son espèce est domestique depuis un temps immémorial; il fut introduit en France vers la fin du xvi⁰ siècle. C'est aujourd'hui une des grandes sources de richesse de notre région méditerranéenne, qui produit annuellement pour environ 150 millions de francs de cocons. Malheureusement les nombreuses maladies qui attaquent le ver à soie ont depuis longtemps rendu ce revenu bien précaire.

Nous avons décrit les métamorphoses de cet insecte : il est inutile d'y revenir. Parlons de son éducation, qui se fait dans des établissements qu'on nomme *magnaneries*. Les œufs, la *graine*, comme on dit, sont soumis à une incubation artificielle. Dès que les vers sont éclos, on leur donne à manger. Ils ne mangent que des feuilles de mûrier. Après plusieurs mues ils filent.

La soie que forme le cocon est produite par une paire de longues glandes, en forme de tubes, situées à la partie inférieure du corps de l'animal. Elle sort par une filière qui s'ouvre au-dessous de la bouche. Le cocon est d'un seul fil replié de telle sorte, qu'il enveloppe bientôt tout l'animal; ce fil n'a pas moins de quatre à cinq cents mètres de long.

Les cocons achevés, on en fait deux parts: l'une, de beaucoup plus petite, est destinée à la reproduction; on la laisse donc accomplir tout son développement. L'autre est dévidée après qu'on a étouffé les chrysalides. On dévide plusieurs cocons ensemble; le fil qui en résulte est ce qu'on appelle de la *soie grège*. Différentes opérations sont nécessaires pour la rendre propre à la fabrication des étoffes; il n'est pas de notre sujet de les décrire.

Le *grand paon de nuit* est encore un bombyx; sa chenille, d'un beau vert avec des tubercules bleus et des poils terminés en forme de globules, a le tort de vivre aux dépens de l'orme et des pommiers. Une autre espèce a reçu le nom de *processionnaire*, parce que sa chenille, ennemie ou trop amie du chêne, va par bandes nombreuses, formées de lignes toujours parallèles entre elles. La *disparate* mérite d'être citée à cause de l'industrie de la femelle, qui, pour préserver ses œufs de la gelée, les recouvre de poils arrachés à son ventre. De ces œufs, trop bien protégés, sort une chenille commune sur le tilleul. Celle-ci ne tisse pas de cocon; la chrysalide est simplement attachée par la queue à un corps solide et fixe. Vient-on à la toucher, elle roule sur elle-même avec une grande rapidité; mais comme ce mouvement, continué dans le même sens, briserait le fil ténu qui la supporte, elle change de temps en temps le sens de la rotation. Qui lui a appris à le faire?

Un mystère plus profond encore est celui qui entoure l'instinct merveilleux du *minime à bandes*, dont la chenille se montre trop friande des feuilles de lilas. Voici ce que M. Blanchard raconte de cet insecte étonnant:

« Vous placez une femelle dans un endroit isolé, sur une fenêtre si vous voulez, dans une ville, dans Paris même, dans une rue, loin de tout jardin: eh bien! au bout d'une heure ou deux, vous voyez les mâles arriver en grand nombre. Le sens de la vue ne les guide pas; ils se heurtent contre les murailles, aux étages supérieurs, aux étages inférieurs : n'importe, ils finissent par arriver au but. Mieux que cela, cette femelle vous l'enfermez dans une boîte. Rien au dehors ne décèle sa présence; les mâles arrivent néanmoins alentour, cherchant de tous côtés l'objet désiré. Ils voltigent, ils s'agitent dans le même cercle, jusqu'à ce qu'ils meûrent épuisés de fatigue.

« Les mâles de cette espèce sont toujours bien plus nombreux que les femelles; cette circonstance explique comment il y a tant d'individus recherchant à la fois une seule femelle.

« Mais ce qui confond l'esprit, c'est l'incroyable faculté que possèdent ces insectes de reconnaître, à des distances énormes, l'endroit où se trouve une femelle de leur espèce. On s'est assuré que les mâles

pouvaient être attirés d'une distance de plusieurs
lieues. Quel est le sens qui les guide? se demande
le naturaliste; à cette demande il ne vient aucune
réponse satisfaisante. Les bombyx, à coup sûr, ne
voient pas bien loin, et puis combien il est positif
que la vue ne les guide en aucune façon! ils viennent
alentour de la boîte parfaitement close dans laquelle
est renfermée la femelle; si cette femelle est à découvert, ils se heurtent vingt fois avant d'arriver jusqu'à
elle.

« Ah! oui, ils sentent; c'est l'odorat qui les conduit; l'odorat! songez-y. Pour nous, cette femelle n'a
aucune odeur, si près que nous en approchions. Que
devient d'ailleurs pour nos sens l'émanation d'un
petit corps ayant l'odeur la plus puissante, complétement caché, à une distance de quelques kilomètres?
Vous voyez bien que c'est à n'y rien comprendre.
Il existe chez ces bombyx une faculté si différente
des nôtres, que l'idée seule en est impossible pour
nous. Si c'est l'odorat qui guide le minime dans la
recherche de sa femelle, ce sens a acquis chez lui une
perfection si prodigieuse, qu'il faut renoncer à apprécier cette perfection autrement que par son résultat.
Si c'est un sens tout particulier, comme on s'est plu
aussi à le supposer, l'homme ne saurait se faire la
moindre idée d'un sens qu'il ne possède pas; plus que
jamais, alors, il faut se contenter du résultat reconnu
par des milliers d'observations. »

Le minime à bandes n'est pas le seul parmi les bombyx qui jouisse de cette surprenante faculté ; mais c'est une des espèces qui la possèdent au plus haut degré.

Autant dans ce groupe le mâle est actif, autant la femelle est paresseuse. Celle de l'orgye, par exemple,

Orgye femelle.   Orgye mâle.

une fois éclose, ne s'éloigne jamais de son cocon : cette paresse ne lui est pas imputable, la pauvrette manque d'ailes, ainsi qu'on peut le voir.

Nous avons dit le mal que les *pyrales* font à la vigne ; ce n'est pas le seul titre que les lépidoptères de ce genre aient à notre animadversion. Leurs chenilles se cachent dans les fruits et les rongent. Mais tant de griefs sérieux ne doivent pas nous empêcher de rendre hommage à l'instinct déployé par quelques-unes de ces larves, qui prennent pendant la nuit la peine de rouler, et très-artistement, autour d'elles la feuille dont elles doivent se nourrir pendant le jour, et sont ainsi assurées de n'être pas dérangées dans leurs repas par la visite des oiseaux insectivores.

Les chenilles des *phalènes,* certaines d'entre elles du moins, ont d'autres ruses ; elles ne savent pas tourner une feuille, mais elles savent faire les mortes. Se sentent-elles menacées, leur immobilité aussitôt devient absolue ; elles restent des heures entières dressées et comme frappées de catalepsie, et si semblables par leur couleur, leur grosseur, les aspérités et les saillies de leur surface aux extrémités des branches sur lesquelles elles vivent, qu'il est extrêmement difficile de les en distinguer, et que sans doute les oiseaux s'y trompent. D'autres chenilles de phalènes ont reçu le nom d'*arpenteuses* à cause de la manière dont elles marchent; en rapprochant à chaque pas la queue de la tête, elles semblent en effet arpenter le terrain.

Mieux avisés peut-être que nous, les Malgaches ont imaginé un moyen de se venger des lépidoptères, moyen auquel les Européens n'ont pas songé. Menacés d'être dévorés par les lépidoptères, ils leur rendent la pareille. M. le docteur Vinson, qui, en 1862, a eu l'honneur d'assister, comme membre de l'ambassade française, au couronnement de Sa Majesté Radama II, nous apprend, en effet, que les vers et les chenilles occupent une place distinguée dans le régime alimentaire des habitants de Madagascar.

Il est entre autres une chenille bien replète, avec épillets de poils soyeux. Quand elle a filé son cocon, on ouvre celui-ci, au milieu duquel on la trouve blanche, renflée, grasse. Réunies en grand nombre, elles ont l'apparence de lait caillé; les Malgaches les font frire avec un peu de fromage râpé et quelques jaunes d'œufs. « C'est un mets délicieux, un mets de nobles et de princes. »

Il en est une autre qui fait un cocon gros comme la moitié d'un œuf de poule. On en exploite la soie, belle et forte ; mais les chrysalides, très-volumineuses, ne sont pas perdues : on les fait frire. M. Vinson a vu le fils du roi, prince de dix ans, en manger avec un grand plaisir. « J'avoue, dit le docteur, que, malgré mon amour pour l'entomologie, j'aurais eu une grande répugnance à l'imiter. »

Nul pays, dit le docteur Vinson, ne fait plus d'honneur à l'entomologie. Je crains bien que de longtemps nous ne lui disputions cette gloire.

LES HÉMIPTÈRES.

Leurs métamorphoses sont fort considérables. La larve, déjà semblable à l'insecte parfait, s'en distingue principalement par l'absence d'ailes, et la nymphe par l'état rudimentaire des mêmes organes.

L'un des insectes les plus intéressants de cet ordre est la cochenille.

Comment le teinturier donne-t-il aux étoffes ces couleurs éclatantes, le cramoisi et l'écarlate, qui font sur les yeux une impression analogue à celle de la trompette sur l'oreille ? Au moyen du carmin. Et le carmin, d'où vient-il ? C'est la cochenille qui le produit.

Elle vit sur une plante de la famille des *cactées*, sur un *cactus* auquel on donne les noms de *nopal* et d'*opuntia*. Après le *bombyx du mûrier* et l'abeille, il n'est pas au monde d'insecte plus précieux.

Les cochenilles sont des membres de la famille des

pucerons. Le mâle et la femelle ne se ressemblent guère : le premier a des ailes, l'autre n'en a pas ; le mâle est beaucoup plus petit que la femelle, et celle-ci n'est jamais plus grosse qu'un pois. Vous voyez que ce ne sont pas de grosses bêtes. Le mâle se promène : il va, il vient, il vole ; la femelle ne se promène pas longtemps. A peine n'est-elle plus un enfant dans son genre, qu'elle choisit sur un pied d'opuntia une feuille ou une jeune branche à sa convenance, et y enfonce son bec. Elle reste là toute sa vie, plus jamais elle ne changera de place ; jamais elle ne sortira son bec du petit trou dans lequel elle l'a introduit ; de sorte qu'elle a bien plutôt l'air d'une graine que d'un insecte.

Cochenille du cactus mâle.

Cochenille du cactus femelle.

Voilà une existence qui ne paraît pas divertissante : il est à croire cependant que la cochenille se trouve très-heureuse de passer sa vie couchée dans le bon petit lit de matière cotonneuse qu'elle a eu soin de former sous elle, et de pomper la séve de l'opuntia qui la nourrit. Il est certain, du moins, que cela lui fait beaucoup de bien, car on voit son corps grossir. Il grossit, parce qu'il se remplit d'œufs. Quand les œufs sont mûrs, la mère les pond, et elle a soin de les placer sous elle, entre son corps et son nid ; une poule ne s'y prend pas mieux que cette petite bête, qui n'a pas même l'air d'une bête.

Nous voici au plus merveilleux de l'histoire. Quand la cochenille a fini de pondre, elle meurt. Mais ne croyez pas que son corps se décompose comme celui des grands animaux. Non, il se dessèche simplement, et en se desséchant il forme au-dessus des œufs une enveloppe qui a l'air d'être le couvercle de l'espèce de boîte dont le nid de coton est le fond. Ainsi, même après sa mort, la cochenille est utile à ses petits, et les protége.

Quand ces œufs si bien gardés viennent à s'ouvrir, les petits animaux qui en sortent ne ressemblent pas à leurs parents; ce sont des larves, et elles sont si petites qu'on ne les voit bien qu'au moyen d'une loupe. Elles sont très-vives, et courent de côté et d'autre sur la plante où elles sont nées. Cela dure dix jours, au bout desquels elles se changent en chrysalides. Deux semaines après, elles acquièrent la forme des cochenilles parfaites, les unes mâles, les autres femelles. Les mâles vivent encore un mois, les femelles en vivent deux.

La cochenille du nopal est originaire du Mexique, où on cultive tout exprès, pour la nourrir, des champs immenses d'*opuntia*. On fait chaque année trois récoltes de cochenilles, et ces trois récoltes pèsent ensemble 880,000 livres. Chaque livre contient 70,000 insectes. On n'a qu'à multiplier ces deux nombres l'un par l'autre pour savoir quel nombre effrayant de cochenilles produit le Mexique.

Voici comment se fait la récolte : on détache les cochenilles des pieds d'opuntia sur lesquels elles

vivent, et on les fait tomber dans un bassin ; ensuite
on les plonge pendant quelques instants dans l'eau
bouillante, puis on les dessèche en les exposant au
soleil pendant un jour ou deux. Elles ont alors l'air de
petites graines irrégulières ridées ; leur couleur est un
gris pourpre. Pendant longtemps on les a prises pour
de petits fruits. C'est dans cet état qu'on les trouve
dans le commerce. Quant à retirer la matière colorante
qu'elles contiennent, c'est l'affaire des chimistes.

Le Mexique n'est pas le seul pays qui produise des
cochenilles-nopal ; on en a transporté dans d'autres
pays, où elles ont prospéré. Elles commencent à se répandre en Algérie.

Il y a encore d'autres cochenilles que celles du
Mexique : il y a la *cochenille de Pologne* ; il y a la
cochenille du chêne vert, qu'on appelle aussi *kermès*, et
qu'on trouve dans le midi de la France, sur les chênes
verts ; mais la cochenille-nopal, c'est-à-dire celle du
Mexique, est celle qui fournit la plus belle matière
colorante. Pour en finir, je dois vous dire qu'on trouve
encore des cochenilles sur les figuiers, les orangers et
les oliviers ; mais celles-ci ne sont bonnes à rien, et font
beaucoup de mal aux arbres sur lesquels elles vivent.

Ce même ordre des hémiptères renferme un insecte
bien extraordinaire : c'est le *fulgore porte-lanterne*, et
on va voir si son nom est mérité.

Une dame que son savoir et ses talents ont rendue
célèbre, Mlle Sibylle Mérian, était allée à la Guyane
hollandaise, dans le dessein de peindre des animaux

et des fleurs, objets qu'elle excellait à représenter.
Un jour, des Indiens qui connaissaient ses goûts lui
apportèrent dans un panier des insectes qui ont une
certaine ressemblance avec les cigales ; seulement ils
sont plus gros que celles-ci, et leur front fait une bosse
énorme. Mlle Mérian posa ce panier sur une table dans
sa chambre. La nuit suivante, le bruit que faisaient
les insectes emprisonnés l'ayant réveillée, jugez de sa
surprise, de sa terreur même, quand elle s'aperçut que
toute sa chambre était en flammes. C'est du moins ce
qu'elle crut d'abord ; mais elle reconnut bientôt que
cette lumière effrayante sortait du panier apporté par
les Indiens, et, l'ayant ouvert, elle vit les insectes se répandre dans tout l'appartement, sur les rideaux, sur
le lit et sur les meubles, comme autant de charbons
allumés ; mais ces charbons ne brûlaient point.

Il paraît que l'ordre qui nous occupe ne le cède
point, au point de vue culinaire, à celui des lépidö-
ptères.

Tout le monde connaît, au moins par l'histoire de
Fernand Cortez, la grande plaine de Mexico, située à
2,300 mètres au-dessus du niveau de la mer. Son
centre est occupé par ces deux grands lacs où se sont
livrés tant de combats furieux entre les héroïques
bandits espagnols et les malheureux indigènes ; l'un,
d'eau douce, celui de Chalco ; l'autre, d'eau salée,
celui de Tezcuco, séparés l'un de l'autre par la capitale
de la Nouvelle-Espagne.

Or, le fond de ces lacs est formé par des boues d'un

calcaire lacustre, d'un gris blanchâtre, contenant des oolithes identiques pour l'espèce, la forme, la grosseur, aux oolithes des terrains jurassiques. Un jour que M. Virlet-d'Aoust... Mais peut-être n'est-il pas inutile de nous arrêter au mot qui vient d'être deux fois prononcé : il s'agit à la fois d'une question géologique et d'une question alimentaire.

Oolithe, c'est-à-dire *œuf-pierre*, globules minéraux ressemblant à des œufs, et pierre composée de ces globules. Un grand nombre de couches calcaires de toutes les époques géologiques présentent cette structure granulaire ou globuliforme. Les granules ont diverses compositions : il y en a de ferrugineuses, de calcaires, c'est le grand nombre ; de siliceuses, etc... Sur leur mode de formation, doute. Le savant M. Fournet admet que ces oolithes se sont formées par concrétion au milieu du terrain qui les renferme ; des forces attractives auraient déterminé leurs formes arrondies et concentriques. On va voir qu'elles peuvent avoir une autre origine.

Un jour donc que M. Virlet-d'Aoust signalait à M. Bowring, directeur des salines de Tezcuco, l'analogie des oolithes de Mexico avec celles du système jurassique, celui-ci lui apprit que ces oolithes sont tout bonnement des œufs d'insectes, incrustés par les concrétions calcaires que déposent journellement les eaux du lac.

M. Virlet trouva avec raison le fait assez important pour vouloir le vérifier par lui-même, et, à l'époque de la ponte la plus abondante, qui a lieu vers le mois d'octobre, il était sur les lieux.

Il vit en effet que des milliers de petits moucherons amphibiens, ce sont ses expressions, voltigeant dans l'air, vont, en plongeant de plusieurs pieds et même de plusieurs brasses, déposer leurs œufs au fond de l'eau, d'où ils sortent pour aller probablement mourir à quelque distance, leur fonction étant remplie.

En même temps que notre compatriote assistait à ce spectacle nouveau pour lui, il eut l'avantage d'être témoin de la pêche ou de la récolte de ces œufs, lesquels, sous le nom mexicain d'*hautle,* servent d'aliments aux Indiens, qui n'en sont pas moins friands que les Chinois de leurs nids de salangane.

On accommode cette graine de différentes manières; le plus communément on en fait des espèces de gâteaux qu'on sert avec une sauce relevée de *chilé,* qui se compose de piments verts écrasés.

Pour recueillir l'*hautle,* les naturels forment des faisceaux de joncs qu'ils placent dans le lac, à quelque distance du rivage. Douze ou quinze jours suffisent pour que chaque brin de ces faisceaux soit entièrement recouvert d'œufs, qu'on retire ainsi par millions. On laisse sécher les joncs une heure environ, après quoi la graine s'en détache facilement. A Mexico, on vend cette marchandise dans les rues, en criant : *Mosquitos, mosquitos!* comme on crie en Europe : *Du mouron pour les p'tits oiseaux !*

Cette formation d'oolithes par des insectes conduit

naturellement à admettre que le même phénomène a bien pu se produire à d'autres époques géologiques, et que la plupart des oolithes calcaires ou ferrugineuses ont une origine analogue. Merveille du temps et du nombre : des insectes concourant si puissamment aux grandes formations du globe ! Qu'on parle après cela des pyramides. J'oubliais de dire que, d'après M. Craveri, préparateur de chimie et de physique à l'école de médecine de Mexico, les œufs dont on se régale dans cette ville sont pondus par trois espèces de punaises d'eau.

Des galettes de punaises !

LES NÉVROPTÈRES.

Disons tout de suite, pour fixer les idées, que les *libellules* ou *demoiselles* et les *éphémères* font partie de cet ordre.

Les métamorphoses ne sont pas identiques chez tous les névroptères. Beaucoup de larves et de nymphes vivent sous l'eau, et respirent au moyen d'organes analogues aux branchies des poissons ; d'autres habitent la surface du sol et se creusent des demeures dans le sable. Ces larves sont généralement carnassières ; toujours elles ont trois paires de pattes. Parmi les nymphes, les unes sont immobiles ; les autres, au contraire, sont agiles comme les larves, et font, comme celles-ci, la chasse aux insectes.

Tout le monde connaît la *libellule* au vol puissant. Elle dépose ses œufs dans l'eau des marais, des étangs et des petits ruisseaux. La larve ressemble beaucoup à l'insecte parfait, mais elle en diffère par l'organisation de sa bouche et par ses mœurs. C'est par l'anus qu'elle respire, et comme elle a la propriété de faire entrer de l'eau dans cet orifice et de l'en chasser avec force, elle en profite pour changer de lieu; c'est, comme on voit, une sorte de navigation par réaction.

Ainsi que le remarque M. C. Duméril, le nom de *fourmi-lion*, autre névroptère, convient mieux à la larve, grande destructrice de fourmis et autres menues bestioles, qu'à l'insecte parfait. Elle creuse dans le sol une fosse en forme d'entonnoir, au fond de laquelle elle se tient, les deux cornes écartées, attendant sa proie; malheur alors à la fourmi qui s'aventure sur cette pente perfide; le sable, s'éboulant sous ses pas, la livre au fourmi-lion, qui, l'ayant sucée jusqu'à ce que mort s'ensuive, lance à de grandes distances son cadavre desséché.

Il n'est personne qui n'ait vu, au fond des plus étroits cours d'eau, de tout petits fourreaux ambulants, formés de fragments de feuilles, de brins de roseaux, de menus graviers et même de petits coquillages agglutinés ensemble. C'est le par-dessus dont la larve des *phryganes*

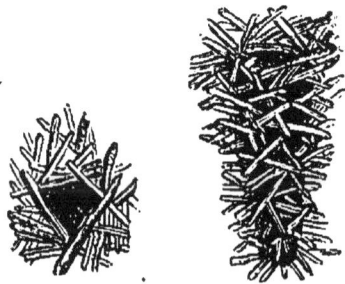

Fourreaux de phrygane
rhombique.

recouvre le fourreau de soie, par elle tissé, qui
forme son vêtement immédiat. Ainsi vêtue, elle se

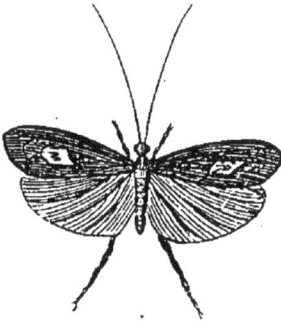

Phrygane rhombique.

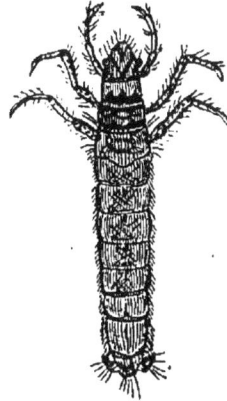

Larve de la phrygane rhombique.

traîne au fond de l'eau. Ce fourreau est ouvert aux

deux bouts; mais quand vient pour la
larve le moment de se métamorphoser,
elle ferme les deux portes au moyen de
fils disposés en forme de grillage; malheureusement pour elle, toutes ces précautions ne la garantissent pas de la dent
des poissons, qui sont très-friands de
larves de phryganes, ce qui fait que les
pêcheurs emploient souvent celles-ci en
guise d'appât.

Nymphe de
phrygane pollue.

La larve de l'*éphémère* vit dans la vase, et elle y vit
près de trois années. Elle a des branchies. C'est surtout
en été, et c'est souvent le même jour, que, le soleil
à peine couché, toutes à la fois sortent de l'eau, et,
s'accrochant à quelque corps solide, achèvent de se

transformer rapidement en insectes parfaits. Aussitôt la femelle s'empresse d'aller déposer ses œufs sur les eaux, au fond desquelles leur poids les entraîne. Le

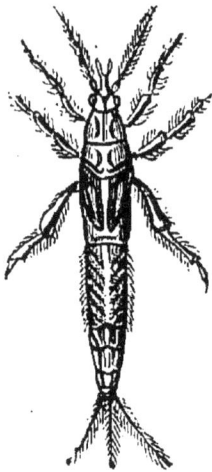

Larve d'éphémère vulgaire.   Nymphe d'éphémère vulgaire.   Éphémère vulgaire adulte.

matin, dès l'aube, toutes les éphémères sont mortes, et c'est jour de bombanee pour les poissons.

Les *termites* sont souvent désignés sous le nom de *fourmis blanches*, qui, comme on l'a dit, ne leur convient point. Les termites et les fourmis forment, en

Termite lucifuge mâle.

effet, deux groupes très-différents l'un de l'autre. Ce nom s'explique cependant par la grande ressemblance de formes et d'habitudes industrieuses qui existent entre les deux genres.

Comme les fourmis, les insectes qui vont nous occuper vivent en société composée de plusieurs classes
d'individus, et, comme elles, ils accomplissent des travaux vraiment dignes d'admiration.

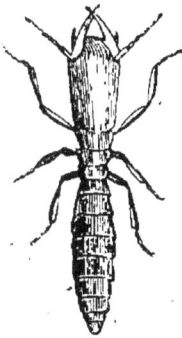

Termite lucifuge
ouvrier.

Termite lucifuge
soldat.

Les termites sont nombreux surtout
dans les régions intertropicales de l'ancien et du nouveau monde; mais on en
trouve plusieurs espèces en dehors de
cette zone, et jusque dans les régions
méridionales de notre pays. Doués d'une
voracité et d'une activité prodigieuses,
ce sont, malgré l'exiguïté de leur taille,
les plus puissants destructeurs de matières végétales qui existent. Leur rôle,
dont ils s'acquittent à souhait, est de
soustraire ces matières à la corruption;
par eux, en un temps très-court, les
troncs énormes d'arbres morts sont dé-
bités et emportés en détail. Il n'y a pas
de tissu ligneux assez compact pour leur résister, sauf
le bois de fer, d'après certains voyageurs; encore
d'autres affirment-ils qu'à la longue les termites en
viennent à bout. Nuit et jour ils travaillent à déblayer
les forêts vierges, qui, sans eux, seraient bien plus
impénétrables qu'elles ne le sont et bien plus pestilen-
tielles. Mais comme ils n'établissent pas de distinction entre les productions spontanées de la nature et
les champs cultivés ou même les habitations humaines,
les termites sont un des plus grands fléaux des con-

trées qu'ils habitent. Une maison qu'ils attaquent est
bientôt détruite, et, ce qu'il y a de pis, c'est que rien
ne révèle leur présence à l'extérieur de la charpente
ou du meuble envahis par eux, jusqu'à ce que la charpente s'écroule ou que le meuble s'affaisse. Installés
dans une pièce de bois, ils la vident totalement, mais
en ayant bien soin d'en respecter le dehors sur une
épaisseur égale à celle d'un pain à cacheter. Les étoffes,
les marchandises de toutes sortes deviennent leur proie.
« Nous avions, écrit un voyageur en Australie, des
caisses pleines de livres dont il ne resta autre chose
que la reliure et les images. »

On en connaît plus de vingt espèces, et on ne les
connaît pas toutes. L'une des mieux étudiées parmi
les espèces exotiques est le *termite belliqueux* ou
termite du cap de Bonne-Espérance, justement célèbre comme étant de tous les animaux terrestres
celui qui, proportionnellement à sa taille, élève les
constructions les plus hautes. Ces édifices, qui sont
leurs nids, ont à peu près la forme de pains de sucre,
avec cette différence que sur les flancs de la pyramide
principale se dressent un certain nombre de pyramides
secondaires. Rapportée à la taille des ouvriers, cette
construction est de quatre à cinq fois plus élevée que
la plus haute des pyramides d'Égypte par rapport à
nous.

Adamson, au Sénégal, a vu des termitières qui
avaient huit à dix pieds de haut. Bosman attribue deux
fois la hauteur de l'homme à celles qu'il a observées en

Gambie. M. de Golbéry, dans son voyage en Afrique, estime leur hauteur à dix, quinze et seize pieds, sur une base de cent à cent vingt pieds carrés. Jobson, en Gambie, en a mesuré qui avaient vingt pieds d'élévation, et qui eussent pu contenir une douzaine d'hommes. Livingstone donne les mesures suivantes : six à sept mètres de haut « pour le moins », sur douze ou quinze de diamètre à la base. Elles sont si solidement construites, qu'elles supportent aisément le poids de l'homme. Bien plus, il arrive souvent que les taureaux sauvages se tiennent en sentinelle sur le sommet de ces édifices, pendant que les troupeaux à la sécurité desquels ils veillent, paissent dans le voisinage. Jobson raconte qu'étant à la chasse, il lui arrivait, ayant trouvé une termitière abandonnée, et dont la coupole était brisée, de se blottir dans l'étage supérieur de cette construction, attendant qu'une bête féroce se montrât à portée de son fusil. Le plus souvent ces logements sont réunis en nombre assez grand dans un même canton. M. de Golbéry en compta plus de quarante dans le bois de Lamaya, distantes les unes des autres de trois cents à cinq cents pas. Un voyageur en Australie, Mgr Salvado, en a rencontré plus de quatre-vingts sur moins d'un mille carré. « Que de fourmilières dans ce pays ! dit quelque part Livingstone ; elles couvrent les plaines exactement comme les tas de foin dans une prairie. »

A première vue, tous les voyageurs les ont prises pour des constructions humaines. « La grandeur et la

Tremitières.

forme de ces constructions me faisait croire, écrit un des auteurs déjà cités [1], que ces pyramides étaient des monuments funèbres élevés et consacrés à la mémoire des anciens guerriers mandings de Barra. »

— « Mais de toutes les choses extraordinaires que j'ai observées, écrit Adamson, rien ne m'a autant frappé que certaines éminences qui, par leur hauteur et leur régularité, me parurent de loin un assemblage de huttes de nègres ou un village considérable, et qui n'étaient que des nids de certains insectes. »

L'intérieur n'en n'est pas moins extraordinaire que le dehors; on y trouve nombre d'appartements, dont chacun a sa destination particulière : la chambre royale, pièce réservée au mâle et à la femelle; les nourrisseries, petites loges où sont déposés les œufs; des magasins remplis des sucs épaissis de certains végétaux; de vastes galeries, dont le diamètre égale le calibre d'un gros canon, s'enfoncent en terre à plus d'un mètre de profondeur. Ce sont les carrières où l'insecte a puisé l'argile qui, gâchée avec sa salive, a fourni la matière première de ses constructions.

La société des termites se compose de plusieurs classes d'individus :

De larves;

D'ouvriers,

De soldats .

Et d'insectes parfaits.

[1] M. de Golbéry.

Les larves composent la population enfantine de la république.

C'est par les ouvriers que les constructions qu'on vient de décrire sont élevées.

C'est par les soldats que la communauté est défendue ; et ils exercent en outre dans plusieurs cas une certaine direction sur les ouvriers.

L'accroissement de la population forme la charge des insectes parfaits.

Les ouvriers sont longs de cinq millimètres ; ils ont des mandibules dentées très-solides : ce sont leurs outils.

Les soldats ont une taille double de celle des ouvriers, chacun d'eux pèse autant que quinze de ces derniers. Ils se reconnaissent aux dimensions de leur tête, beaucoup plus grosse que leur corps. Cette tête est cornée et munie de pinces aiguës qui sont leurs armes.

Les insectes parfaits ont 18 millimètres de long, et chacun d'eux pèse autant que trente travailleurs. Ils ont quatre ailes pendant un temps très-court, des ailes relativement énormes, de 50 millimètres d'envergure.

Les ouvriers sont des individus encore incomplets, de véritables larves et de vraies nymphes. Ils paient de bonne heure, comme on voit, la dette du travail.

Les soldats sont des individus achevés, mais arrêtés dans leur développement : ce sont des neutres.

Les insectes parfaits sont les uns mâles, les autres femelles.

Ouvriers, soldats, insectes parfaits commencent par appartenir au premier des groupes que nous avons mentionnés, à celui des larves.

Ces larves deviennent directement les unes ouvrières, les autres soldats.

Les soldats restent toujours soldats.

Les ouvriers, au contraire, montent en grade, et arrivent au rang d'insectes parfaits, mâles ou femelles.

Un soir les mâles et les femelles, ayant acquis des ailes, quittent en masse la colonie, s'élèvent dans l'air. Le lendemain, dès le point du jour, ils gisent sur le sol : leurs ailes sont tombées. Ils deviennent alors la proie d'une multitude d'animaux. Quelques-uns sont recueillis par des ouvriers et des soldats. Un mâle et une femelle sont logés dans la chambre royale.

Alors un changement prodigieux s'opère dans la femelle. Son abdomen s'accroît au point d'atteindre

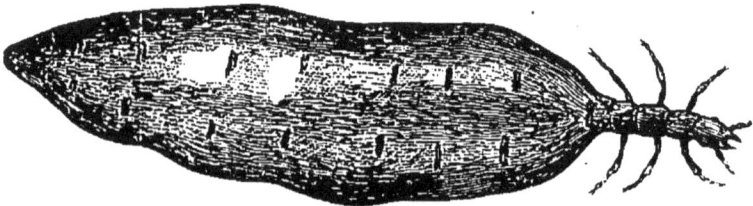

Femelle de termite belliqueux.

15 centimètres de long, et de devenir de 1500 à 2000 fois plus volumineux que le reste du corps. Bientôt elle se met à pondre, et les œufs sortent avec une telle rapidité qu'ils semblent former un jet continu. Absorbée par ce travail, incapable même de se mouvoir, elle est

nourrie par certains ouvriers, tandis que d'autres, non moins empressés autour d'elle, emportent les œufs au fur à mesure de la ponte, et les placent dans des logements particuliers. Pendant ce temps, le reste des ouvriers procèdent aux travaux habituels de construction et d'approvisionnement, et les soldats veillent pour tous. Si une brèche est faite à l'édifice, ils se présentent en foule, jouant des mandibules, qui jamais ne lâchent prise. Des œufs sortent des larves beaucoup plus petites que les ouvriers, et qui, après avoir reçu les soins attentifs de ceux-ci, deviennent à leur tour, comme on l'a dit, ouvriers ou soldats.

Ces intéressants insectes ont de nombreux ennemis, parmi lesquels les fourmis, les reptiles, les oiseaux et les nègres, qui, après les avoir enfumés pour les contraindre à sortir de chez eux, s'en emparent et les mangent. C'est, selon eux, un manger délicieux.

LES HYMÉNOPTÈRES.

Leurs métamorphoses sont complètes. Il y a des larves de deux sortes : les unes, munies de pattes, peuvent aller à la recherche de leur nourriture; les autres, privées de moyen de locomotion, restent immobiles à la place où elles naissent. Mais la prévoyance des mères pare à tout : tantôt elles ont placé leurs œufs sur des amas de provisions formés à dessein; d'autres fois elles les ont logés dans le corps de divers insectes que les larves, une fois nées, rongent. Il y a cependant des larves qui ont besoin d'aliments fréquemment renouvelés et élaborés d'une manière spéciale ; celles-ci sont élevées dans des nids construits avec un art admirable, et confiés aux soins d'individus dépourvus de sexe. Presque toutes les larves d'hyménoptères tissent un cocon de soie très-fine, à l'intérieur duquel elles se transforment en chrysalides.

Nous rencontrons ici les abeilles et les fourmis.

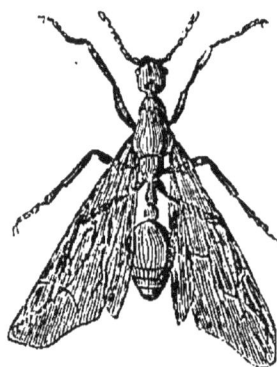

Myrmicine mâle.   Myrmicine ouvrière.

Les *fourmis* forment des sociétés nombreuses composées de mâles, de femelles et de neutres, qu'on nomme aussi ouvrières. Le dessin ci-joint nous donne la représentation fort agrandie de ces trois sortes d'individus chez les *myrmicines*, qui sont des fourmis dont l'abdomen est réuni au thorax par deux sortes de nœuds ou d'articulations. Ainsi qu'on le voit, la

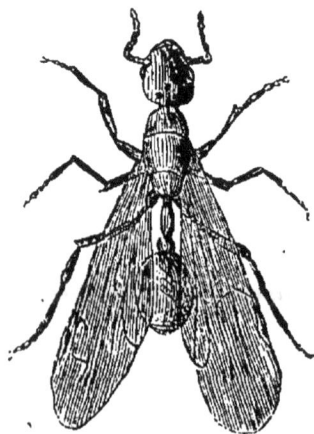

Myrmicine femelle.

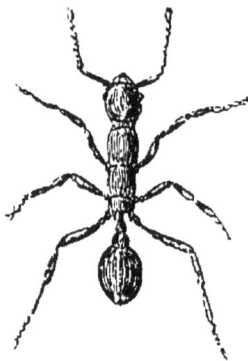

femelle est beaucoup plus grosse que le mâle, et surtout
que l'ouvrière. Les deux premiers sont ailés, mais pendant quelques heures seulement, le temps de faire hors
de l'habitation commune une promenade, à la suite de
laquelle les mâles meurent toujours, tandis que les
femelles, qui bientôt deviendront mères, après avoir
été recueillies par les ouvrières, s'arrachent elles-
mêmes leurs ailes. Les ouvrières, toujours privées
d'ailes, se font remarquer par la grosseur de leur tête
et par la force de leurs mandibules. Elles forment
habituellement et de beaucoup la partie la plus nombreuse de la population. Salomon renvoie les paresseux
à l'école des fourmis; ils n'en sauraient suivre une
meilleure. Point d'existence plus laborieuse : pendant
que la femelle pond, certaines ouvrières recueillent
les œufs et les transportent dans des chambres particulières; d'autres font la toilette des larves, les nourrissent, les transportent au dehors quand le temps est
beau, les rentrent à l'approche du soir ; d'autres encore
s'occupent de l'entretien des bâtisses et de leur agran-
dissement; d'autres enfin vont aux provisions et se
remplissent de liquides sucrés qu'elles dégorgent dans
la bouche de celles que leurs travaux retiennent à la
maison.

Leurs constructions varient suivant les espèces. La
fourmi maçonne édifie au moyen de brins de bois,
de graines, de parcelles de terre, ces demeures en
forme de dômes que tout le monde connaît, et qui,
distribuées en chambres et en galeries, dont chacune

a sa destination, sont si bien combinées pour préserver des intempéries les animaux qui les habitent. Des portes ouvertes pendant le jour et quand le temps est beau, sont fermées le soir ou quand la pluie tombe. Les *maçonnes* élèvent des constructions en terre qui parfois atteignent un mètre de haut. Les *mineuses* établissent leurs galeries sous terre. La *fourmi fuligineuse* taille les siennes dans les troncs d'arbres, etc.

Il y a des espèces dans lesquelles, outre les ouvrières appartenant à cette espèce, on trouve des domestiques ou des esclaves, comme on voudra les appeler. La *fourmi sanguine* va à la recherche des nids de la *fourmi gris cendré* et de la *fourmi mineuse*, les bloque, en fait le siége, leur donne l'assaut, les envahit, s'empare des larves et des nymphes, les transporte dans sa demeure et fait travailler pour elle les ouvrières qui en résultent.

L'*amazone* fait bien plus. La fourmi sanguine se mêle aux travaux des *gris cendrées* et des *mineuses* qu'on trouve dans ses habitations ; l'amazone ne travaille pas ; ses esclaves, pris parmi les deux espèces qu'on vient de nommer, travaillent pour elle ; ils pourvoient à tous ses besoins, soignent ses larves et la soignent elle-même, au point de lui donner la becquée.

Outre les esclaves, il y a les animaux domestiques, et au premier rang les pucerons. Vivant sur les végétaux dont ils sucent la séve, ces derniers, lorsqu'on les touche, laissent échapper, par deux petits tubes situés à l'extrémité de leur abdomen, des gouttelettes d'un liquide dont beaucoup d'insectes se montrent très-friands. Ce sont les vaches à lait des fourmis, qui en prennent le plus grand soin; souvent elles recouvrent d'un toit de terre ou de bois l'endroit où les pucerons vivent. D'autres fois elles les transportent dans leurs demeures, et il arrive qu'une fourmilière fait la guerre à sa voisine dans le but de lui enlever ses pucerons.

Les clavigers coléoptères, longs de deux millimètres, privés d'yeux, très-lents dans leurs mouvements, et qu'on ne trouve que dans les fourmilières, font également partie du bétail des fourmis. Celles-ci paraissent prendre un plaisir infini à les lécher, et, chose curieuse, ce sont les fourmis qui

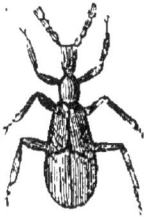

Claviger.

nourrissent les clavigers; elles leur donnent la becquée.

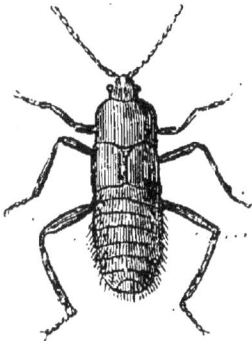

La *loméchuse* est la plus grosse pièce de ce bétail: elle atteint 5 millimètres. Pourvue d'ailes, elle sort et rentre quand elle veut; mais les fourmis sont toujours bien sûres de la voir revenir, vu qu'elle ne sait pas manger seule, et que sans les fourmis elle mourrait infailliblement de faim.

Loméchuse.

Mais parmi les insectes qui habitent les fourmilières, il y a autre chose que des auxiliaires, il y a des ennemis, et dans le nombre sont les *myrmédonia*, qui n'osent pénétrer dans les fourmilières que lorsque les fourmis sont engourdies par le froid. Pendant la saison chaude ils se tiennent embusqués au bord des chemins que suivent les fourmis, et quand l'une d'elles vient à passer près d'un *myrmédonia*, d'un coup de dent celui-ci lui tranche l'abdomen, après quoi il se régale du liquide sucré dont le jabot est plein.

Les fourmis sont, au sortir de l'œuf, de petits vers blancs mous, sans pieds, sans yeux, incapables de tout mouvement. Bien différentes de la plupart des larves, celles-ci sont aussi impuissantes qu'un enfant nouveau-né

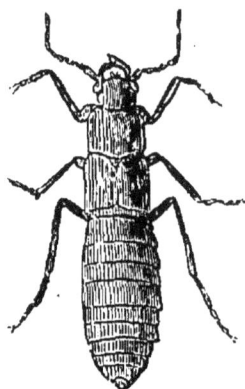

Myrmédonia.

à se suffire à elles-mêmes ; les soins que les ouvrières leur prodiguent ne se peuvent comparer qu'à ceux d'une mère pour son nourrisson.

Quand la croissance des larves est achevée, elles changent de peau, deviennent des nymphes. Elles sont

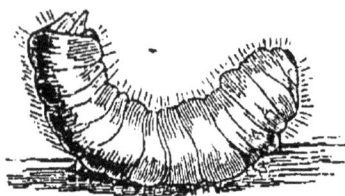

Larve de fourmi.   Nymphe de fourmi.

immobiles encore ; mais déjà à leur forme on reconnaît la fourmi.

Enfin leur peau, se détachant, donne issue à des ouvrières ou à des individus parfaits, les uns mâles, les autres femelles.

Les *abeilles*, autres insectes sociables, et, à ce titre, dignes du plus grand intérêt, se recommandent en outre par les services qu'elles nous rendent. A l'état sauvage, elles établissent leurs demeures dans les cavités de quelques vieux arbres ; domestiques, elles vivent dans des espèces de huttes, nommées *ruches*, préparées pour elles par leurs possesseurs. Chaque colonie se compose de trois sortes d'individus fort inégaux en nombre : quinze, vingt et jusqu'à trente mille *ouvrières*, six à huit cents *frelons*, qui sont les mâles, et que les cultivateurs nomment à tort des bourdons, et une seule *femelle*, à laquelle on a très-improprement et très-ridiculement donné le nom de

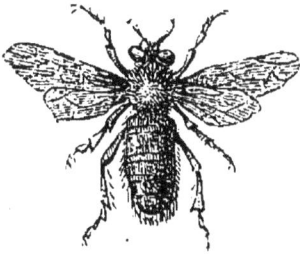

Abeille mâle ou faux bourdon.　　Abeille femelle.　　Abeille ouvrière.

reine; c'est MÈRE qu'il eût fallu dire. Les ouvrières sont les plus petites ; la femelle se distingue par la longueur de son abdomen; les mâles sont privés d'aiguillons.

Aux ouvrières tous les travaux. Les unes, nommées *cirières*, récoltent les vivres, amassent les matériaux de construction, et construisent. Pour faire sa récolte, la cirière entre dans une fleur bien épanouie dont les étamines sont chargées de *pollen*. Cette poussière s'attache aux poils branchies dont le corps de l'abeille est couvert; à l'aide d'espèces de brosses qui garnissent les tarses de sa troisième paire de pattes, elle rassemble toute cette poussière en pelottes, qu'elle empile dans des cavités ou corbeilles, creusées à la face interne de ses jambes postérieures. Elle remplit encore ces corbeilles d'une substance résineuse, nommée *propolis*, produite par certaines plantes, et qu'elle en détache à l'aide de ses mandibules, qui sont en forme de cuiller. Ainsi chargée, elle retourne à la ruche, se débarrasse de son fardeau, et, sans perdre un instant, retourne aux provisions, ou met en œuvre celles qu'elle a recueillies.

Avec la propolis, les mêmes ouvrières bouchent toutes les fentes de leur habitation, ne laissant qu'une ouverture destinée à servir d'entrée et de sortie. Au moyen de la cire, qu'elles produisent elles-mêmes et qui suinte des anneaux de leur abdomen, elles construisent avec une précision merveilleuse, en s'aidant de leurs mandibules, les *rayons* ou *gâteaux*, dont chacun est composé de deux plans d'*alvéoles* ou *cellules* hexagonales, à base pyramidale, adossées l'une à l'autre. Ces rayons, suspendus à la voûte de la ruche par leur tranche, sont parallèles entre eux, et séparés les uns des autres par un espace suffisant pour que les abeilles puissent y circuler. Les cellules, situées horizontalement, comme on voit, sont destinées, les unes à servir de demeures aux larves,

Cellules de l'abeille.

les autres à recevoir les provisions de pollen et de

miel; un couvercle de cire bouche hermétiquement ces dernières. Celles que doivent habiter les larves des femelles sont plus grandes que les autres, et ont une forme particulière, presque cylindrique.

Tel est le rôle des *cirières;* d'autres ouvrières, nommées *nourrices*, ont une vie non moins active, ainsi qu'on s'en convaincra tout à l'heure.

Ni les mâles ni les femelles ne prennent part à ces travaux. Dès que les premiers ne sont plus utiles à la communauté, ce qui a lieu vers les mois de juin et d'août, les ouvrières les tuent à coups d'aiguillon. La femelle, au contraire, devient pour toute la colonie un sujet de respect : c'est que la prospérité de l'essaim dépend de sa fécondité.

Quand le moment de la ponte est arrivé, elle dépose ses œufs un à un dans les cellules préparées à cet effet. Elle en pond plus de douze mille dans l'espace de trois semaines. Les premiers donnent des *ouvrières* et des *frelons;* ceux d'où sortent les femelles viennent un peu plus tard.

Trois ou quatre jours après la ponte, les œufs éclosent, et il en sort de petites larves de couleur blan-

Larve
d'abeille.

châtre. Privées de pattes, incapables de sortir de leur nid et de chercher leur nourriture, ces larves ne peuvent rien pour elles-mêmes. Mais les *nourrices* pourvoient à tous leurs besoins, leur apportent une bouillie abondante, dont les qualités varient suivant l'âge et le sexe de l'individu à qui elle est destinée. Lorsque arrive le moment où la larve va se transfigurer en nymphe, les nourrices l'enferment dans sa loge au moyen d'un couvercle de cire. Alors la larve file autour de son corps une espèce de coque. Sept à huit jours après s'être changée en nymphe, elle subit sa dernière métamorphose.

L'influence de la nature des aliments sur le développement de l'abeille est bien remarquable, puisqu'en variant la bouillie qu'elles donnent à leurs élèves, les nourrices produisent à volonté des ouvrières ou des femelles. C'est ce qu'on voit bien quand une colonie a perdu sa mère, et qu'il n'existe point de larve de femelle dans la ruche. Alors les abeilles se hâtent de démolir plusieurs cellules d'ouvrières, construisent une cellule de femelle, y déposent une larve, la mettent au régime qu'elles font suivre d'ordinaire aux larves des femelles, et, par cela seul, obtiennent d'elle, au lieu d'une ouvrière, une mère.

Quand une jeune femelle a achevé ses métamorphoses, elle ronge le couvercle de sa cellule; mais à mesure qu'elle y fait brèche, des ouvrières bouchent avec de nouvelle cire les ouvertures qu'elle a pratiquées. Enfin elle sort de son nid. Alors une grande agitation se manifeste dans la colonie. La vieille mère cherche à percer cette rivale de son aiguillon; mais les ouvrières s'interposent, et l'en empêchent. Ce que voyant, celle-ci sort de la ruche avec toute l'apparence de la colère, suivie d'un grand nombre d'ouvrières et de mâles; l'*essaim*, c'est le nom qu'on donne à ce rassem-

blement d'émigrants, va se suspendre à quelque distance, et bientôt recommencent tous les travaux qui

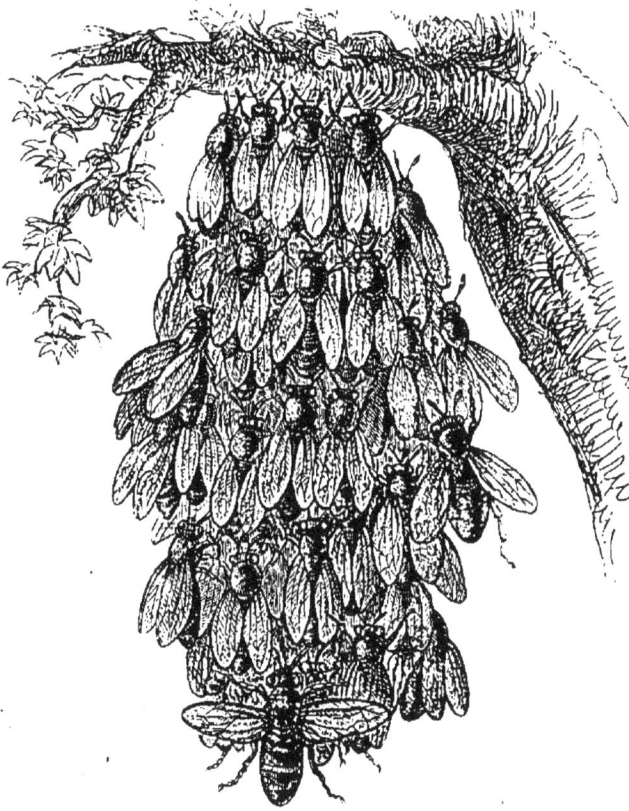

Essaim d'abeilles.

viennent d'être racontés. Ses membres fondent une
nouvelle colonie.

Les abeilles et les fourmis n'ont-elles que de l'instinct ? Telle n'était pas l'opinion de M. Félix Dujardin,
professeur à la faculté des sciences de Reims. Il ne se
résignait pas à attribuer à une impulsion machinale,
comme on le fait communément, tous les actes accomplis par ces petites bêtes, et quiconque sera au courant

de leurs mœurs, se rangera volontiers à l'avis de M. Dujardin.

Donc celui-ci, étant un anatomiste, eut l'idée de rechercher dans le système nerveux des insectes l'analogue des parties affectées chez les êtres les plus élevés aux fonctions intellectuelles. Et il a trouvé ce qu'il cherchait. Il l'a trouvé où l'on devait s'attendre à le rencontrer, dans cette petite masse nerveuse qui se trouve dans la tête, au-dessus de l'œsophage, et que, pour cette raison, on nomme ganglion *sus-œsophagien*.

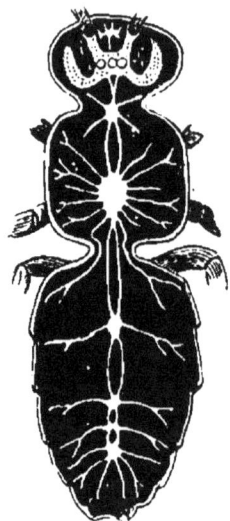

Système nerveux
de l'abeille.

Quand on enlève la partie supérieure du crâne d'une abeille, on ne voit d'abord que du tissu adipeux, des glandes salivaires, des trachées nombreuses et des sacs trachéens. Ces parties masquent complétement le cerveau. Mais si on les écarte, on reconnaît que le sac trachéen tient au cerveau, qu'il l'entoure de sa double paroi comme l'arachmoïde embrasse le cerveau, et comme la plèvre entoure le poumon, en même temps qu'à titre de coussin gonflé d'air, il le soutient et le protége. Si on essaie d'arracher ce sac trachéen, on ne réussit qu'à enlever sa paroi externe, l'interne restant sur le cerveau, dans l'intérieur duquel elle envoie une multitude de petites trachées. On ne peut enlever celle-ci sans déchirer le cerveau. Cela fait, on voit, à l'aide du microscope, que cet organe est formé de globules diaphanes larges de cinq à douze dix millièmes de millimètre.

Le cerveau des insectes est tellement mou et trans- lucide, qu'on ne peut constater sa structure et même sa forme qu'après l'avoir consolidé par l'alcool ou l'essence de térébenthine. Après une immersion suffi- samment prolongée dans l'un ou l'autre de ces liquides, on voit apparaître sur le cerveau des circonvolutions régulières, plus ou moins distinctes, comparables à celles des mammifères, et si l'on enlève la substance qui constitue la partie extérieure du cerveau , on voit que ces circonvolutions appartiennent à une substance interne plus blanche et plus consistante que l'autre , et qui correspond au noyau de la substance blanche du cerveau des vertèbres.

Toutes les parties qui paraissent spécialement en rapport avec les facultés intellectuelles sont plus ou moins enveloppées par la substance pulpeuse. Cette dernière est la seule qui existe chez les insectes aux- quels on ne peut reconnaître que de l'instinct; aussi constitue-t-elle en entier les ganglions du thorax et de l'abdomen, siéges d'instincts qui persistent encore après la décapitation de l'animal. Plus l'intelligence prédomine sur l'instinct, plus le volume des corps formés par la substance blanche est considérable rela- tivement au volume total du corps. Ainsi, dans l'abeille sociale ils forment la neuf cent quarantième partie du volume total du corps, tandis que chez les hannetons ils n'en forment que la trente-trois millième partie.

Un cas remarquable est celui de la fourmi neutre, qui, protégée par un tégument solide contre l'exhalation, n'a presque pas de besoins individuels. Chez cet insecte, la substance pulpeuse ou corticale du cerveau, celle qui est affectée à l'instinct, a presque disparu, et ce n'est pas sans étonnement qu'on voit les diverses parties de l'organe isolées comme autant de petits cerveaux distincts. Tandis que chez l'abeille sociale, l'ensemble des parties blanches forme la cinquième partie du volume du cerveau, les mêmes parties chez la fourmi neutre représentent la moitié du volume de cet organe.

« C'est là, dit M. Dujardin, ce qui nous permet de concevoir la possibilité de toutes ces merveilles de la vie sociale des fourmis, comme Ch. Bonnet, Hubert, Latreille et Lacordaire, et tant d'autres naturalistes les ont vues. Les fourmis réalisent en quelque sorte l'idéal d'une intelligence destinée à un but spécial et dépourvue de tout accessoire superflu. »

Ces constatations anatomiques une fois faites, M. Dujardin installa dans son jardin des ruches à cadres, du système de M. de Beauvoys, modifiées en quelques points de manière à faciliter l'observation journalière. Et c'est ainsi qu'il a recueilli les faits intéressants que je vais rapporter, et qui ne peuvent s'expliquer qu'en admettant que l'abeille est un être doué d'intelligence.

Deux essaims furent introduits, non sans peine, dans des ruches garnies de fragments de rayons et

placées l'une à côté de l'autre. Chacun de ces essaims
présenta, dès le début, les particularités déjà observées
en pareil cas; quelques abeilles, en petit nombre, sortaient de la ruche, et y rentraient bientôt; puis, comme
si elles avaient pris suffisamment connaissance de l'intérieur, elles sortaient de nouveau pour voltiger devant
leur demeure, tournant toujours la tête du côté de celle-
ci, de façon à la reconnaître au retour; elles exploraient
ensuite les objets environnants, et enfin, prenant leur
vol, s'éloignaient rapidement vers la campagne.

Des deux ruches, l'une, la moins peuplée, n'avait
pas donné de rayons dans les cadres inférieurs, ni de
cellules royales. Il était à craindre que ses habitants
ne périssent pendant l'hiver faute de provisions.
M. Dujardin plaça dans une assiette, au devant de la
ruche, quelques morceaux de sucre miellé et légèrement humecté. Les abeilles ne tardèrent pas à venir
en foule, et firent disparaître en moins de deux heures
le sirop et le sucre. Cette provision, renouvelée les
jours suivants, fut consommée chaque fois avec la
même avidité.

« Et bientôt, dit l'auteur, elles s'accoutumèrent si
bien à associer l'idée de ma personne et de mes vêtements avec l'idée de cette provende quotidienne trop
promptement épuisée, que si je me promenais dans le
jardin à plus de trente mètres de la ruche, il en venait
huit ou dix voltiger autour de moi, se poser sur mes
vêtements et sur mes mains, qu'elles parcouraient avec
une agitation remarquable. Cela me donna la pensée

d'avoir désormais dans ma poche un morceau de sucre, que je leur présentais après l'avoir légèrement humecté, et sur lequel j'en gardais longtemps trois ou quatre. »

Voici maintenant une expérience tout à fait concluante.

A dix-huit mètres de distance des ruches, dans l'épaisseur d'un mur, était creusée une niche recouverte par un treillage et par une treille, et cachée par diverses plantes grimpantes. M. Dujardin déposa dans cette niche une soucoupe contenant du sucre légèrement humecté, puis il alla présenter à une abeille une petite baguette enduite de sirop. Cette abeille s'étant cramponnée à la baguette pour sucer le sirop, notre observateur la transporta dans la niche et sur le sucre, où elle resta cinq à six minutes jusqu'à ce qu'elle se fût bien gorgée ; ensuite elle se mit à voler dans la niche, puis deçà et delà devant le treillage, la tête toujours tournée du côté de la niche, et enfin elle prit son vol vers la ruche et y rentra.

Un quart d'heure se passa sans qu'aucune abeille vînt à la niche ; mais, à partir de ce moment, elles se présentèrent successivement au nombre de 30, explorant la localité, cherchant l'entrée qui avait dû leur être indiquée, — l'odorat ne pouvant nullement les guider, — et à leur tour faisant, avant de retourner à la ruche, les observations nécessaires pour retrouver cette précieuse localité ou l'indiquer à d'autres.

Les jours suivants, les abeilles de la même ruche vinrent en plus grand nombre encore, tandis que

celles de l'autre ruche n'eurent pas le moindre soup-
çon de l'existence de ce trésor; ce qu'il était facile de
constater, les premières se dirigeant exclusivement
de la ruche à la niche, et réciproquement, tandis que
les dernières prenaient leur vol d'un autre côté par-
dessus les murs des jardins voisins.

Quand le sucre de la niche restait tout à fait à sec,
les abeilles l'abandonnaient comme une substance
inerte. De temps en temps l'une d'elles venait s'assurer
de l'état de ce sucre; s'il n'y avait point de sirop, elle
ne s'y arrêtait pas; mais, dans le cas contraire, elle le
suçait pendant quelques minutes, puis elle allait à la
ruche donner un avis promptement suivi de l'arrivée
de plusieurs autres abeilles.

Cette charmante expérience ne permet pas de douter
que les abeilles n'aient la faculté de se transmettre entre
elles des indications très-complexes. « Ce n'est point
seulement, dit M. Dujardin, une impression indivi-
duelle, une image de la localité qui se conserve dans
le cerveau de l'abeille : cette impression existe à la
vérité; mais en même temps qu'elle doit guider l'insecte à son retour, elle devient pour lui le motif d'indications à transmettre par signes ou autrement, ce qui
ne peut se faire si l'on n'accorde à cet insecte une
faculté d'abstraction; car les indications ont suffi pour
éveiller chez l'insecte auquel elles sont transmises
les mêmes impressions que la vue même du sucre,
qu'il s'agit d'aller chercher, et de la localité où il faut
se rendre. »

L'observation suivante, quoique beaucoup plus simple, met encore davantage en relief cette faculté d'abstraction.

On sait que les abeilles emploient, pour mastiquer les joints et les fentes de leurs habitations, la résine visqueuse et odorante de certains arbres ; c'est ce qu'on nomme la *propolis*. Des diverses qualités de la propolis, une seule, la propriété agglutinative, est nécessaire au travail des abeilles. « Ces insectes auront donc fait abstraction de l'odeur, de la couleur, de la saveur même de la substance, si on les voit rechercher ou employer toute autre substance qui devait leur être absolument inconnue, qu'aucune sensation innée ne pouvait déceler, et qui se recommande à eux par cette seule propriété agglutinative. »

Or c'est ce dont, à sa grande surprise, M. Dujardin a été témoin.

« Depuis plusieurs jours, dit-il, j'avais cherché vainement à comprendre ce que pouvait être cette charge de fragments irréguliers, d'une blancheur parfaite, rapportée, en guise de pollen ou de propolis, par quelques abeilles. » Enfin il les surprit occupées à détacher péniblement de petits lambeaux d'une couche de céruse broyée à l'huile, dont on venait de peindre une troisième ruche placée loin des deux autres, en attendant qu'elle fût complétement sèche.

Voici une dernière observation.

Les ruches à cadre de M. de Beauvoys présentent au milieu de chaque face une série de six ou sept petites ouvertures; mais c'est par la face antérieure, qui est exposée au midi, que les abeilles sortent et rentrent le plus volontiers, ce qui n'empêche pas, comme on va le voir, qu'elles ne conservent le souvenir des ouvertures latérales qui leur servent à l'occasion.

Le 28 novembre, quelques abeilles chargées de pollen jaune rentraient à la ruche avec cette précipitation qui leur est habituelle en pareil cas. M. Dujardin voulut savoir de quelle plante provenait ce pollen, et avec une baguette miellée il essaya d'arrêter l'un des insectes. Trois fois l'abeille évita l'obstacle, reprit son vol, et vint de nouveau tenter le passage. « Mais une dernière fois, la réflexion prit le dessus, et l'abeille, passant de l'idée particulière de l'ouverture qu'elle avait devant les yeux à l'idée plus générale de la ruche avec toutes ses ouvertures, prit son vol pour entrer sans hésitation par une des ouvertures latérales. »

M. Crèvecœur, auteur de l'ouvrage intitulé le Cultivateur américain, rapporte des faits qui donnent également une haute idée de l'intelligence de l'abeille.

L'auteur possédait un certain nombre de ruches dont il s'occupait beaucoup. Il remarqua un jour qu'un oiseau d'une espèce fort commune en Amérique, et qu'on nomme guêpier, se tenait sur un arbre à portée des abeilles, et, les saisissant une à une au passage d'un coup de son bec pointu, les avalait sans se soucier le moins du monde de leur aiguillon. Déjà le guêpier avait consommé un grand nombre des précieux insectes, quand quelques abeilles échappées au danger allèrent sonner l'alarme dans la ruche. Du moins doit-on croire que les choses se passèrent ainsi, car M. Crève-cœur vit bientôt sortir une multitude d'abeilles volant tumultueusement comme lorsqu'elles se disposent à essaimer.

Elles ne tardèrent pas à se rassembler en une masse serrée, grosse comme un boulet, et cette boule s'élança avec une rapidité incroyable contre l'ennemi perché sur les hautes branches d'un arbre voisin. Le guêpier, justement effrayé, s'enfuit de toute la vigueur que la peur prêtait à ses ailes. Sans cette prompte retraite il était perdu. Cependant les abeilles ne surent ou ne voulurent pas profiter de la victoire ; voyant l'ennemi en fuite, elles se dispersèrent comme pour se réjouir de ce brillant fait d'armes. Le guêpier, revenu de sa frayeur, reprit bientôt sa place favorite, et M. Crèvecœur fut obligé de le chasser à coups de fusil pour éviter la destruction de son rucher.

Je ne quitterai pas les abeilles sans mentionner un fait d'un grand intérêt pratique et fort singulier qui les concerne.

M. Antoine (de Reims) avait annoncé à la société d'Acclimatation et à la société Protectrice des animaux, qu'il avait trouvé le moyen de *maîtriser* les abeilles sans l'emploi de la fumée ni d'aucune substance anesthésique. « En deux minutes, disait-il, devenues dociles, elles laissent sans piquer procéder à toutes les opérations,

et ne tardent pas à reprendre leurs travaux. Il n'y a
ni tuées, ni blessées, ni malades. » M. le docteur Blatin
fut délégué par les deux sociétés pour leur rendre
compte des procédés de l'inventeur.

Le 30 mai 1858 M. Blatin était à Reims, et le jour
même à quatre heures, dans le jardin de M. Antoine,
on procédait aux expériences.

Il y avait là sept ruches mères, contenant chacune
de trente à trente-cinq mille abeilles. On en désigna
une. M. Antoine s'en approcha, s'accroupit devant
elle, et deux minutes à peine s'étaient écoulées que
les assistants, qui se tenaient à distance, le virent dé-
coller la ruche de son tablier, la soulever, puis la
retourner en annonçant que sa population était maî-
trisée. Aussitôt après il apporta cette ruche à M. Blatin,
et l'installa le sommet en bas, sur un petit tonneau dé-
foncé. Toutes les abeilles s'étaient réfugiées vers la
partie supérieure de l'habitation. Quelques-unes seulement étaient groupées à la base des rayons; aucune ne
paraissait disposée à fuir ou à piquer. Une ruche vide,
de même grandeur que la ruche pleine, fut placée sur
celle-ci, bord à bord, et resta soulevée d'un côté par
un tasseau, afin qu'on pût mieux voir le transvasement.

Des tapotements furent alors exécutés avec les mains
sur les parois de la ruche inférieure, d'abord près de
son sommet, puis sur la partie moyenne; les abeilles
commencèrent presque immédiatement à monter dans
l'autre ruche, sans désordre et en groupes serrés. Au
bout de sept à huit minutes, elles avaient toutes

abandonné leurs rayons et s'étaient entassées dans la ruche supérieure. Si quelques-unes, s'écartant du groupe, apparaissaient aux ouvertures produites par l'interposition du tasseau, il suffisait de souffler sur elles avec la bouche pour les obliger à rentrer et à suivre les autres.

En moins de dix minutes, M. Antoine avait donc, sans employer aucune substance anesthésique, sans enfumage, sans se garnir les mains ou la figure d'un appareil ou d'un enduit protecteur, opéré le transvasement, l'essaimage artificiel et la récolte de quelques rayons de miel. L'émigration avait été complète. Pas une abeille n'avait souffert, pas une n'avait pris son vol; toutes conservaient leur activité, leur vigueur; aucune ne paraissait irritée ou inquiète. M. Antoine, après les avoir écartées doucement avec les doigts pour montrer la reine, s'en couvrit diverses parties du corps sans recevoir aucune piqûre, et, comme lui, M. Blatin en fit grouper plus d'un millier sur sa main et sur son bras. La ruche mère et l'essaim artificiel furent remis en place à peu de distance l'un de l'autre, et le travail parut bientôt recommencer sans trouble, les ouvrières qui revenaient des champs chargées de leur butin s'empressant de rentrer soit dans l'ancienne, soit dans la nouvelle habitation.

Les expériences furent répétées sur trois autres ruches, et toujours avec le même succès.

Il ne restait plus à M. Antoine qu'à faire connaître les détails pratiques de sa méthode. Rien n'est plus simple. Après avoir enlevé doucement la chemise de paille servant d'abri, il frappe avec le doigt fléchi vers le sommet de la ruche un petit coup d'abord, puis des coups plus forts et de plus en plus rapprochés. Il frappe ensuite avec le plat de la main, et au bout d'une demi-minute avec les deux mains, toujours de plus en plus fort, pour ne pas donner aux abeilles le temps de revenir de leur étonnement, et pour les obliger à descendre. Quand ce tapotement méthodique a duré deux minutes environ, il soulève la ruche sans secousse, et frappe encore une vingtaine de petits coups au sommet, ce qui fait remonter les abeilles. C'est alors qu'il renverse la ruche. On vient de voir l'effet produit. Tout est merveilleux dans l'histoire de ces petites bêtes.

On ne se fût pas sans doute attendu à trouver dans l'ordre des hyménoptères, composé d'animaux si délicats, un des exemples les plus frappants de la puissance destructive de l'insecte. C'est cependant ce qui a lieu.

Il y a peu d'années, M. le maréchal Vaillant mit sous les yeux de l'Académie des sciences plusieurs paquets de cartouches dont les balles avaient été percées, quelques-unes de part en part, pendant le séjour de nos troupes en Crimée. Or l'auteur du méfait était, comme l'a reconnu M. Duméril, un chétif insecte hyménoptère, un *urocère*, et probablement l'*urocère jouvenceau*, remarquable par la tarière que la femelle porte à l'extrémité de son ventre, et qui est destinée à percer le bois des arbres morts, dans lesquels cette espèce dépose ses œufs.

Située au milieu d'un étui formé de deux pièces creusées en gouttière, cette tarière est fort roide et armée de chaque côté de sept ou huit dentelures, dont chacune est taillée en demi-fer de lance. Jurine, qui a trouvé souvent l'insecte occupé à percer le bois de sapin ou de mélèze pour y déposer ses œufs, a décrit son manége.

Le ventre se redresse pour porter la tarière perpendiculairement et l'enfoncer dans le bois; les segments de l'abdomen, se contractant alternativement en devant et en arrière, agissent sur l'aiguillon à la manière de coups de marteau frappant sur un coin. L'instrument pénètre si profondément, qu'il ne peut être retiré sans de grands efforts. Il est même arrivé à Jurine, en voulant saisir l'insecte dans cette position, de déchirer les derniers anneaux du ventre, la tarière étant enfoncée dans le bois jusque près de sa base.

Voici maintenant une observation qui prouve bien que les auteurs de ces travaux extraordinaires n'ont, en perforant les métaux, d'autre but que de sortir des galeries dans lesquelles, à l'état de larve, elles se sont nourries de matière ligneuse, et que le métal n'est attaqué par eux que parce que, se trouvant sur leur passage, il fait obstacle à leur sortie.

Un tisserand confectionnant une pièce de drap l'avait enroulée sur un cylindre en bois de sapin qui, par malheur, contenait des larves d'*urocères*. Celles-ci, rencontrant sur leur chemin ces cinq ou six épaisseurs de drap qui formaient la pièce, les traversèrent toutes, ce que l'on constata lorsque l'étoffe fut achevée et déroulée. Le fait a été communiqué, en 1853, à la société entomologique, par M. H. Lucas.

LES ORTHOPTÈRES.

Les orthoptères sont du nombre des insectes qui ne subissent que des métamorphoses incomplètes. Ils ont au sortir de l'œuf à peu près la forme de l'adulte ; les différences sont dans les ailes et dans leur étui ; la larve n'en a pas, la nymphe n'en a que de rudimentaires. Les mœurs sont identiques sous ces trois états. L'orthoptère est à tous les âges un mangeur d'herbe. Les *grillons*, les *sauterelles* et les *blattes* font partie de cet ordre.

Les grillons nous donnent occasion de confirmer indirectement, par un fait nouveau, ce qui a été dit dans un des chapitres précédents des pluies de batraciens et de poissons.

M. Aubé raconte, en effet, que par une journée du mois de mars, marchant à pied près de sa voiture, qui montait les cols des Herbiers (Vendée), il vit à plusieurs reprises tomber sur cette voiture des grillons qui, dit-il, ressemblaient plus au grillon domestique qu'au grillon des champs. L'air était froid, et les insectes semblaient complétement engourdis. Quelques-

uns furent recueillis, et la chaleur de la main les
ranima assez promptement. Une personne qui accompagnait le narrateur lui dit avoir observé le même fait
quelques jours auparavant. Le lendemain, du reste, le
même fait se produisit, et d'une manière encore plus
remarquable, sur la route de Mortagne aux Herbiers.
M. Aubé, ayant été surpris par un orage accompagné
d'une pluie épaisse, en un moment sa voiture fut couverte par une nuée d'insectes en apparence inanimés.
Tous pareils de forme, de taille et de couleur, ressemblaient au grillon de cheminée, et semblaient seulement
un peu plus petits et plus maigres.

Comme font les Mexicains pour les punaises, ainsi
font les nègres pour les sauterelles : ils les mangent.

La sauterelle, ce fléau, est en effet un immense bienfait au désert. Dans son intéressant livre : *Le Grand
Désert*, M. le général Daumas leur a consacré un chapitre d'où je tire ces lignes :

« Grâce à Dieu encore, dit le voyageur, si notre soif
et le soleil n'eussent pas desséché nos outres, nous aurions fait un déjeuner joyeux, car depuis un moment
nous voyions arriver à nous une nuée de sauterelles ;
le soleil se couchait derrière ; le ciel était noir ; elles
tombaient par myriades ; aussi loin et aussi haut que
nos yeux pouvaient aller, le sol et l'air en étaient
inondés.

« Devant ce bonheur imprévu la caravane s'arrêta,
et déjà maîtres et nègres commençaient à moissonner
cette moisson de Dieu ; mais Cheggneum (le chef de la

caravane) nous fit dire : « Vous êtes fous, en vérité;
« hâtez le pas, ô mes enfants! L'eau, vous n'en avez
« plus; elle est là-bas, au pied du Djebel-Hoggar, et
« c'est de là que viennent les sauterelles. Nous les
« retrouverons au bivouac avec du bois pour les faire
« griller et de l'eau pour les faire bouillir, et tout cela
« vous manque ici. »

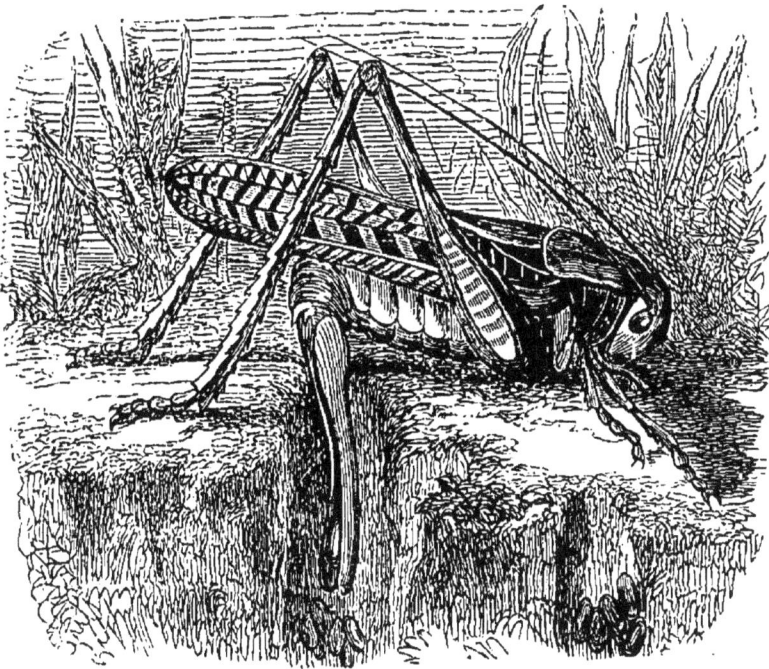

Sauterelle en train de pondre.

« Ces paroles étaient justes, et nous reprîmes notre
marche sans plus nous inquiéter de ce sable d'insectes,
que nous écrasions sur la route; mais au pied du
Djebel-Hoggar, où nous devions faire séjour, chacun
s'empressa d'en recueillir, d'en faire préparer pour le
repas du soir et sécher au soleil pour sa provision. »

Voici quelque chose de plus fort.

M. Richy, dans une lettre qu'il me fait l'honneur de m'écrire, m'apprend que l'île de France et Bourbon possèdent une foule de variétés de cet horrible insecte, la *blatta lucifuga*, vulgairement appelée *cancrelat* ou *kakerlac*. Or beaucoup de créoles considèrent comme un régal le cancrelat grillé, dont le

Kakerlac oriental.

squelette, ainsi préparé, se détache sous la pression des doigts exactement comme celui d'une crevette cuite.

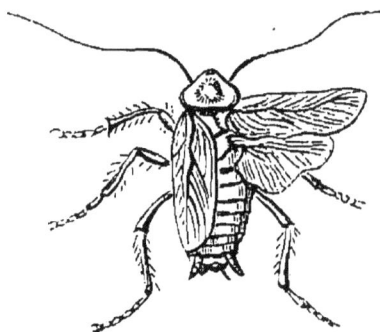

Les blattes sont un vrai fléau pour les peuples de la Russie et de la Finlande. Pallas dit qu'il est des villes qu'elles infestent. A Atschinskoé, toutes les murailles en sont couvertes. On ne laisse pas une boîte dans une chambre, pendant une seule nuit, sans que le lendemain on la trouve percée et envahie par ces insectes. On ne prend pas du thé dans les appartements sans qu'on voie des blattes tomber sur les aliments, et si on n'a soin de se couvrir entièrement pendant le sommeil, toutes les parties à nu, les pieds, les mains, le visage, sont dévorés par ces animaux. Leur voracité est extrême; toutes les provisions de bouche leur sont bonnes; aussi les trouve-t-on surtout dans les cuisines, les boulangeries, et dans les magasins à sucre. Elles se mangent également entre elles; du moins les grosses mangent les petites. Aussi en trouve-t-on rarement qui aient acquis toute leur taille. Les Russes devraient aider à leur disparition, en suivant l'exemple que donnent les habitants de Bourbon et de l'île de France, c'est-à-dire en les mangeant.

Il paraît d'ailleurs que l'une des plus grandes espèces, qui a la couleur de nos hannetons, est souvent employée dans ces deux îles pour faire un bouillon tenu pour souverain contre les spasmes de l'enfant à sa première dentition.

LES COLÉOPTÈRES.

Vous connaissez chez le hanneton ces deux ailes dures, de couleur brune, ou plutôt ces deux étuis dans lesquels sont repliées deux ailes molles, beaucoup plus grandes que les premières : eh bien, tous les insectes qui ont ce double étui sont ce qu'on nomme des coléoptères. Le hanneton en est donc un; les cicindèles, les calosomes, les hydrophiles, les dytiques, les charançons, la populaire *coccinelle* ou *bête à bon Dieu,* en sont aussi ; je ne cite que les plus connus. Cet ordre est

Coccinelle
à sept points.

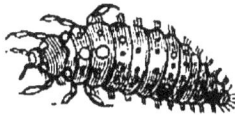

Larve de la coccinelle
à sept points.

un de ceux qui contiennent le plus grand nombre d'insectes.

Les coléoptères subissent des métamorphoses complètes. Douze ou treize anneaux distincts composent le corps de leurs larves. Elles ont pour la plupart six pattes

disposées par paires sur les trois anneaux qui suivent
la tête. Celle-ci est écailleuse et souvent munie de deux
antennes coniques. Deux groupes de petits grains, placés
sur les côtés, ressemblent à des yeux lisses. Ces larves
changent de peau plusieurs fois avant de se transformer.
En général, celles qui vivent de feuilles ne sont guère
plus d'un mois avant de se transformer, tandis qu'au
contraire celles qui se nourrissent de racines ou des
parties ligneuses des végétaux restent deux ou trois
années à l'état de larve.

Les *cicindèles* sont reconnaissables à leurs belles cou-

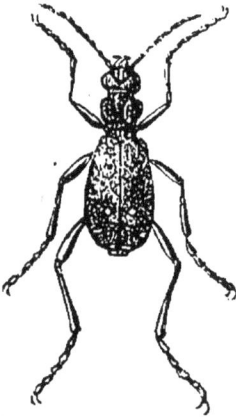

Cicindèle
champêtre.

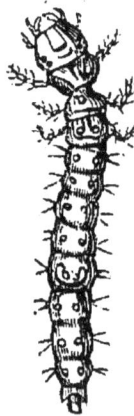

Larve de la cicindèle
champêtre.

Nymphe de la cicindèle
champêtre.

leurs métalliques, à leur grosse tête, à leurs yeux saillants, à leur corselet très-étroit et arrondi. Ce sont des
insectes de bonnes vie et mœurs, à notre point de vue
du moins, car ce sont de grands insectivores. La larve
a les mêmes goûts que l'*image*. Blottie à l'intérieur
d'un trou vertical qu'elle pratique dans le sable, elle
place sa large tête à l'ouverture, et, dès qu'un insecte

s'aventure sur ce pont perfide, c'est un insecte mort.

Qui prononce le mot *dytique* parle grec, et veut dire *plongeur*. L'insecte qui porte ce nom habite l'eau dans

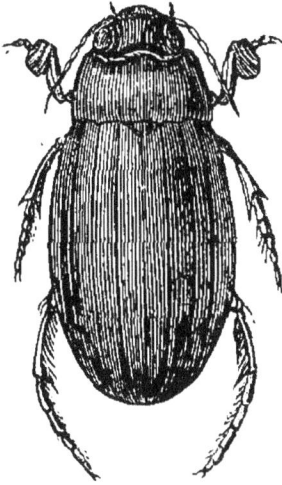

Dytique bordé mâle.   Dytique bordé femelle.

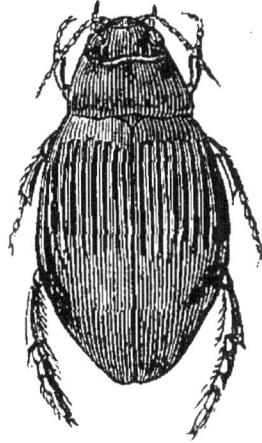

ses deux états, et, sous l'un et l'autre, se nourrit de petits animaux aquatiques. La larve, exposée elle-

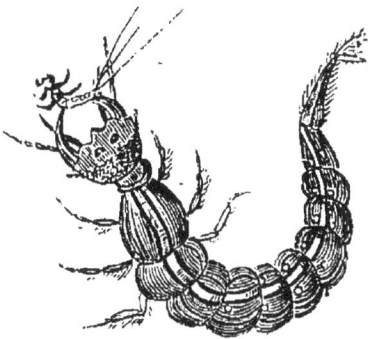

Larve du dytique bordé.   Nymphe du dytique bordé.

même au sort qu'elle fait subir à tant d'autres, recourt à un singulier stratagème pour échapper à ceux qui voudraient se régaler d'elle; elle se fait flasque, molle, aussi dégoûtante que possible, et cela lui réussit. L'insecte parfait est un des êtres les plus favorisés qui existent : nager, marcher, voler; il est propre à tous les genres de vie.

Non moins grande est la difrence entre la larve du *gyrin* et l'insecte parfait, qu'on voit dans la belle saison tournoyer sans cesse à la surface des mares qu'il habite, ce qui lui a valu le nom de *tourniquet*.

Gyrin nageur.

Larve du gyrin nageur.

Les hannetons n'ont pas besoin d'être décrits. Leur larve, énorme ver blanc, n'est elle-même que trop connue. On sait quel mal ils nous font sous leurs deux formes, et surtout sous celle de larve. Celle-ci vit près de quatre années sous terre. Ce qui est moins connu et ce qui mérite d'être mentionné, c'est l'extraordinaire résistance vitale de cet insecte. Voici ce que m'a écrit à ce sujet M. V. le Marchand, pharmacien à Caen :

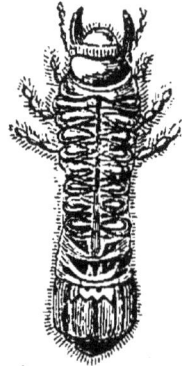

Larve de hanneton.

« Il y a une vingtaine d'années, j'étais enfant, et à ce titre j'aimais à jouer avec les hannetons. Comme mes pensionnaires répandaient une odeur infecte, mon père les jeta dans l'auge de notre cour. Deux jours après, il me vint à la pensée de les piquer sur un carton pour les conserver. Je repêchai donc mes hannetons et les plaçai sur la grille d'un fourneau d'où l'on venait de tirer le feu. En attendant leur desséchement, j'allai jouer avec mes petits camarades.

« Une heure ou deux après, je retournai à mes hannetons. Quelle fut ma surprise en en trouvant une partie qui se promenait sur la grille du fourneau! Notez que l'asphyxie était complète; il devait même y avoir un commencement de désorganisation des tissus, car les insectes étaient maculés de taches circulaires plus brunâtres que la couleur naturelle. »

Cette observation curieuse de M. le Marchand est de tout point conforme aux expériences nombreuses que l'illustre physiologiste de Rouen, M. Pouchet, a faites sur le même insecte. Je me bornerai à citer celle-ci.

M. Pouchet mit des hannetons sous l'eau et les y laissa quarante-huit heures. « Tous les insectes, écrit-il, semblaient non-seulement morts, mais avoir subi un commencement de décomposition, à cause de la fétidité et de la légère coloration que le liquide avait contractées. Les hannetons, ayant été retirés de l'eau et exposés à l'action de la lumière et d'une température de 25 degrés centigrades, donnèrent tous, au bout d'une heure, des signes de vie, consistant dans des mouvements spasmodiques des tarses antérieurs. Abandonnés ensuite pendant une nuit dans un lieu où la température s'abaissa à 15 degrés, le lendemain les quatre cinquièmes d'entre eux reprirent leur vol. »

M. le docteur Vinson, déjà nommé, rapporte que les habitants de Madagascar, peuple insectivore, comme on sait, recueillent dans la terre, à huit pouces de profondeur, le long des rizières, certains coléoptères encore mal déterminés qui ont un certain air de larve de hanneton. On les fait bouillir dans l'huile ou la graisse avant de les servir sur la table.

Mais le hanneton lui-même se mange. Où cela, croyez-vous? Chez les sauvages? Non, tout près d'ici, en Allemagne.

Je trouve en effet, dans un recueil allemand très-estimé, un article sur la *soupe au hanneton*.

Prenez une trentaine de hannetons bien vigoureux, et dépouillez-les tout... vivants de leurs élytres, puis... réduisez en pâte dans un mortier métallique.

A première lecture, cela semble affreux. Mais, quoi! ne dépouille-t-on pas les grenouilles et les anguilles vivantes? ne mange-t-on pas les huîtres et les oursins vivants? ne jette-t-on pas le poisson vivant dans la poêle ardente, l'écrevisse et le homard dans l'eau bouillante? La mort par le pilon est-elle plus cruelle que par le couteau ou la massue? Notre émotion n'est que préjugé, à moins qu'il n'y ait à reprendre dans tous ces procédés. Revenons donc au bouillon de hanneton.

Le scarabée étant réduit en pâte, faites frire dans le beurre frais, puis ajoutez du bouillon fort ou faible, ou même de l'eau, faites chauffer ; enfin versez à travers un tamis de crin sur des tranches de pain blanc grillé, et.... dégustez. Le consommé de hanneton l'emporte incomparablement en délicatesse, en saveur et en parfum sur la meilleure soupe d'écrevisses ; c'est le journaliste teuton qui l'affirme.

Il ajoute : « Un préjugé seul privait l'homme de cette fine nourriture essentiellement propre aux convalescents ; mais lorsqu'on aura une fois triomphé de cette répugnance irréfléchie, les hôpitaux auront fait une belle acquisition. »

Il oublie le préjugé de la vie !

Je ne trouve rien à reprendre quand il accuse d'inconséquence ceux qui, prisant l'écrevisse et l'escargot, se font les contempteurs du hanneton.

N'importe, puisque le hanneton est si délicieux, c'est dommage qu'il faille absolument le piler vivant.

Sensiblerie ! Un quart d'heure avant sa mort le hanneton sera toujours en vie. Un genre de mort ou l'autre, qu'importe ! Tuer, voilà la question. Les œufs que l'on mange à Mexico me plaisent, en cela que ce sont des œufs, substance animale non animée.

Les *Bousiers* sortent d'une larve molle, courbée sur elle-même, lente à la marche, dont la vue n'est pas plus ragoûtante que celle du hanneton. Ils vivent sur le fumier. L'extrait suivant d'une lettre de notre honorable ami, M. le docteur Savardan, alors au Texas, va montrer quels singuliers et curieux services ils rendent à la salubrité publique.

« Dès notre arrivée, nous avons dû nous préoccuper d'une grave question d'hygiène, l'établissement de fosses d'aisances. Pendant les recherches et les devis nécessaires à cet établissement, nous nous sommes aperçus que les objets de notre préoccupation disparaissaient complétement tous les jours, et même au bout de quelques heures. Il importait de découvrir les voleurs, et voici le résultat de nos observations.

« Quelques instants après le dépôt de ces objets, deçà et delà, dans les halliers et les taillis environnants, de nombreux scarabées noirs, volant et bourdonnant, arrivent de tous côtés, s'abattent à quelques centimètres du dépôt, l'entourent, puis, avec une activité pleine de vigueur et de persévérance, taillent dans le bloc *unguibus et rostro* chacun une bille de la grosseur d'une petite noix.

« La bille entièrement détachée, il s'agit de la transporter à des distances quelquefois relativement fort grandes : dix, quinze, vingt mètres.

« Pour opérer cette translation, voici comment procèdent nos actifs travailleurs. Si le but est au nord, le scarabée se place au sud de la bille ; puis, se mettant la tête en bas et s'appuyant de ses pattes de devant sur le sol, il dresse ses pattes de derrière sur le sommet de la bille, et c'est avec ces dernières qu'ainsi renversé il la pousse rapidement. Dans l'impossibilité où il est, placé de la sorte, de voir sa route avec d'autres yeux que ceux de l'instinct, bien des inégalités de terrain, bien des chocs, bien des culbutes l'arrêtent dans sa marche et le séparent de son fardeau. Il tourne les uns, résiste énergiquement aux autres, et revient incessamment à son singulier roulage.

« Ce labeur lui a valu, et à toute sa tribu, de la part

de nos travailleurs compagnons du devoir, le nom de *compagnons-rouleurs*.

« Lorsque la bille a la dimension d'une noix un peu grosse, deux *compagnons-rouleurs* s'en emparent en même temps ; mais le second, dressé à l'inverse et à l'opposé du premier, sur ses pattes de derrière, attire à lui et fait rouler l'objet avec ses pattes de devant en tournant le dos à la route, ce qui donne lieu à beaucoup plus de culbutes encore, parce que les deux impulsions ne sont pas toujours parfaitement concordantes.

« Toutes ces billes sont conduites dans divers entrepôts souterrains appartenant ou à des familles, ou à des corporations. La surface de ces entrepôts, d'ailleurs toujours très-propre, est semblable à une portion de planche de jardin récemment râtelée, et percée de plusieurs petites ouvertures par lesquelles les *compagnons-rouleurs* pénètrent avec leurs fardeaux.

« Le temps m'a manqué jusqu'ici pour explorer l'intérieur de ces terriers.

« Quant au but que se proposent les *compagnons-rouleurs*, les avis sont partagés ; les uns prétendent que ces billes servent de dépôt, de nid aux larves de ces insectes ; d'autres croient qu'il est seulement question, dans ce cas, de garnir par précaution le garde-manger de la colonie.

« Je crois devoir réserver, jusqu'à plus ample informé, mon opinion sur la première question ; mais j'affirme la seconde sans hésiter. Les *compagnons-rou-*

leurs sont très-friands de la substance dont les billes sont formées, et voici comment nous en avons la preuve.

« Quand les blocs dans lesquels ils ont l'habitude de tailler ces billes sont d'une consistance qui les rend impropres au roulage, alors nous voyons nos braves scarabées, rangés, attablés, côte à côte et en cercle, autour de l'objet, se livrer sur place à un festin qui ne cesse que lorsque le cercle, peu à peu rétréci, est arrivé jusqu'au centre et a fait table rase.

« N'avons-nous pas lieu, en présence des difficultés de notre entreprise, d'admirer et de remercier la Providence, qui, après nous avoir donné le vautour pour nous débarrasser des cadavres des animaux, a pensé encore à nous envoyer le secours de nos *compagnons-rouleurs?* »

Les *compagnons-rouleurs* du docteur Savardan sont évidemment des bousiers, nommés aussi *pilulaires;* on voit pourquoi. Ces pilules contiennent les œufs et constituent un garde-manger à l'intention de la larve. L'Égypte possède une espèce de bousier qu'on y adorait autrefois, à cause évidemment de l'importance des services que sous ce ciel dévorant on retirait de ses goûts stercoraires. Les adorer, c'est trop; mais il ne faudrait pas les détruire.

Les *lucanes* ou *cerfs-volants* sont remarquables par leurs mandibules très-allongées et branchues; de là leur nom de *cerfs.* Les femelles, à qui manquent cet ornement, ont reçu le nom de *biches.* Cet insecte, comme on va le voir, n'a pas la vie moins dure que le hanneton.

Un chimiste, M. Mabru, lauréat de l'Académie des
sciences, me raconte en ces termes l'histoire d'un
énorme cerf-volant, qui avait été plongé dans de
l'alcool à 18 ou 20 degrés pendant trente à quarante
minutes.

« Je le sortis de l'alcool complétement asphyxié et le
croyant mort. Autant que je puis me le rappeler, ses
membres n'avaient aucune roideur, car, après avoir
piqué l'insecte sur une planchette, il me fut possible
de donner à tous ses articles la position dans laquelle
je désirais conserver le sujet. Nous étions à la fin de
juillet; la chaleur était excessive, l'alcool ne tarda pas
à s'évaporer, et, quelques heures après, l'insecte me
parut tellement desséché, qu'il me sembla qu'on aurait
pu le pulvériser dans un mortier et le passer au tamis.
Il eût été tout à fait impossible de redresser un seul de
ses membres sans le briser.

« Dans cet état de choses, l'animal fut abandonné à
lui-même. *Trois jours après,* mon attention fut subitement attirée de son côté par un léger bruit, et ce ne fut
pas sans un profond étonnement que je vis mon scarabée se mouvoir : il n'était point mort ! Avec l'extrémité de ses ongles il grattait la feuille de papier qui
recouvrait la planchette. L'ayant alors débarrassé de
son épingle, je le descendis à la cave pour faciliter
d'une manière plus complète la réabsorption de l'eau
que l'alcool avait dû enlever à son corps, et dès le lendemain l'animal put marcher. Je le gardai encore quelques jours sous une grande cloche, où je lui mis des

feuilles de chêne. Il recouvra si parfaitement la vie que, sur le désir que manifestèrent plusieurs personnes témoins de ce phénomène, je le rendis à la liberté, dont il sut bien trouver le chemin. »

L'observation suivante, que me communique M. A. Pérémée, n'est pas moins curieuse.:

« En 1830 j'avais attrapé, dans les Pyrénées, un cerf-volant si magnifique, qu'il me donna l'envie d'en faire le noyau d'une collection entomologique. Mais la difficulté était de le tuer sans le mutiler ou l'altérer. Je ne pouvais me résoudre à le percer d'une épingle et à le voir souffrir indéfiniment, cloué sur un liége. Après avoir bien cherché, je crus que le moyen le plus sûr était de le noyer.

« Je le plongeai le soir dans un verre d'eau, et le lendemain matin, je le trouvai roide et sans mouvement, bien qu'il eût surnagé. L'ayant placé, en attendant mieux, dans une soucoupe sur la cheminée, je sortis pour mes excursions journalières.

« Je fus, en rentrant, fort surpris de ne plus trouver mon grand coléoptère à sa place ; je crus qu'on me l'avait dérobé ; mais sur les protestations de la personne qui seule était entrée dans ma chambre, je me mis à la recherche, et je finis par trouver l'insecte se promenant gravement sous mon lit. J'attribuai sa résurrection à une asphyxie imparfaite, provenant de ce qu'il n'avait pas été submergé.

« Pour le forcer à plonger, je l'attachai avec un fil à l'anneau d'une grosse clef, et je le maintins ainsi dans l'eau au fond du verre. Je ne le retirai que le lendemain soir, cette fois bien noyé, laissant tomber ses pattes et ses antennes, impassible aux piqûres et à tous les stimulants. Je crus pouvoir, en cet état, le fixer au mur avec une épingle, et je m'endormis satisfait de penser qu'il ne pouvait plus souffrir.

« Mais quelle ne fut pas ma stupéfaction en m'éveillant de voir mon pauvre animal remuant toutes ses pattes, et faisant des efforts désespérés pour se débarrasser de sa cruelle entrave !

« Mon premier mouvement fut de le rendre à la liberté ; mais en réfléchissant qu'il avait été transpercé par le milieu du corps, et qu'il ne pouvait plus vivre, je me résolus à achever ma pénible opération, et je le remis au fond de l'eau, attaché à la clef. Il y resta trois jours et trois nuits.

« Au bout de ce temps, ne doutant pas qu'il eût cessé de vivre, je le retirai, mais dans quel état ! Sa couleur était altérée, son éclat avait disparu, sa carapace était devenue molle et gluante ; ses pattes étaient repliées contre son corps et ses antennes rentrées : il y avait, à mon jugement, commencement de décomposition. Je le mis, pour le faire sécher, sur le dos au soleil, au milieu d'une feuille de papier blanc, et je sortis.

« Quand je rentrai le soir, le cerf-volant était à la même place, encore sur le dos, mais je crus voir ses pattes remuer. Je le retournai, et il se mit à marcher.

« Je ne puis dire ce que j'éprouvai en ce moment.

Une crainte superstitieuse s'empara de moi; je crus
avoir affaire au diable! Je me reprochai ma cruauté,
j'eus horreur de l'insecte et de moi-même, et je le jetai
par la fenêtre, renonçant pour toute ma vie à l'entomologie et aux expériences sur les animaux. »

La singulière persistance de la vie chez ces animaux
est de nouveau attestée par le fait suivant, dont me
fait part M. Heretien, président de la Société d'agriculture de Tarn-et-Garonne.

« Ayant trouvé, m'écrit-il, un cerf-volant d'une
beauté remarquable, je le perçai selon l'usage avec
une épingle; j'attachai ensuite un fil au-dessous de la
tête de l'épingle, et je suspendis mon insecte en l'air,
dans un cabinet où je n'allume jamais de feu, et de
manière à ce qu'il ne pût s'accrocher à aucun objet
voisin. Ce pauvre animal, ainsi empalé, a traversé
l'hiver de 1854 à 1855, et a vécu jusqu'à la fin de septembre de cette dernière année, passant ainsi au moins
un an sans rien manger. Il était habituellement immobile, mais pour peu qu'on cherchât à le toucher, ou
même simplement à s'en approcher, il agitait aussitôt
ses pattes et ses antennes d'une manière brusque et
avec assez de vivacité. »

Qui ne connaît ce petit insecte qui fait des sauts si
prodigieux lorsqu'on le met sur le dos? C'est le *taupin*,
appelé aussi *scarabée à ressort*, et encore *toque-
maillet*. Il saute ainsi pour retomber sur ses pattes. A
part cette gymnastique, il n'offre rien de remarquable;

je le cite à cause de sa proche parenté avec l'insecte dont je vais maintenant vous entretenir, et pour qu'en entendant parler de celui-ci, vous vous trouviez en quelque sorte en pays de connaissance.

Il y a quelques mois, on présentait à l'Académie, sur une assiette à moitié pleine d'eau, une demi-douzaine d'insectes, longs de trois centimètres, qui brillaient comme des diamants, bien qu'il fît grand jour. Un officier français les avait apportés du Mexique, où ils vivent dans les forêts. Ce sont des *pyrophores*. On n'en avait jamais vu de vivants en France ; aussi fit-on passer l'assiette de main en main, de sorte qu'elle a fait tout le tour de la salle.

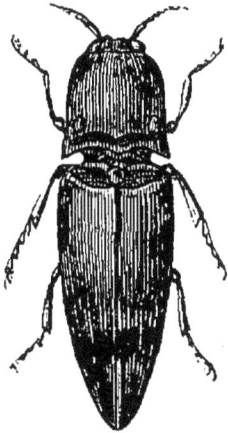

Pyrophore noctiluque.

Le soir, quand vous vous promeniez dans un jardin, vous avez vu parfois s'allumer, au milieu d'une touffe d'herbe, la brillante et tranquille lumière d'un ver luisant : eh bien, l'éclat du pyrophore dépasse autant celui du ver luisant que la clarté d'une lampe dépasse celle d'une veilleuse. Vous avez admiré la lumière électrique : celle du pyrophore est aussi blanche et aussi pure ; par exemple, elle est moins éblouissante, et l'on ne risque pas d'attraper un coup de soleil en le regardant, comme on en attrape quelquefois quand on regarde la lumière électrique de trop près et sans précaution.

Il vous est arrivé de prendre délicatement entre vos

doigts un ver luisant, et de le déposer dans le creux de votre main. Vous a-t-il brûlé? Non. Avez-vous seulement senti de la chaleur? Non. La lumière du pyrophore n'est pas plus chaude que celle du ver luisant.

Aussi pourriez-vous sans crainte, si vous demeuriez dans le pays où vivent les pyrophores, faire cette curieuse expérience.

Je suppose que l'idée vous vienne pendant la nuit de vous mettre à lire. Par malheur vous n'avez ni lampe ni bougie, ou bien vous n'avez pas d'allumettes. Vous voilà bien contrarié. Tout à coup vous vous rappelez que vous avez un pyrophore dans une boîte. Vite, vous ouvrez la boîte; vous mettez l'insecte sur le bout de l'index de votre main droite, et, tenant le livre de la main gauche, vous promenez le pyrophore de ligne en ligne, ce qui vous permet de lire très-couramment. Quelle merveilleuse petite lampe! Et un seul insecte suffira pour vous rendre un si charmant service. Que serait-ce donc si vous en aviez plusieurs? Alors, même en vous tenant à une certaine distance de la boîte, vous pourriez lire très-aisément, et si vous en aviez un nombre suffisant, toute votre chambre serait illuminée.

Cependant, voilà que juste au moment du plus intéressant de votre lecture, la lumière de l'insecte s'affaiblit comme celle d'une lampe près de s'éteindre. Eh bien, que fait-on quand la lampe baisse? on la remonte; il n'y a qu'à remonter le pyrophore, et on ranime son éclat en l'agitant ou en le mettant dans l'eau. Comme je l'ai dit, ils vivent dans les forêts du

Mexique : forêts admirables, mais infestées de bêtes venimeuses. Aussi que fait l'Indien qui traverse de nuit ces belles et dangereuses régions? Il prend sur un arbre deux pyrophores, et il en met un sur chacun de ses pieds; alors, grâce à la lumière que ces insectes répandent, le voyageur ne s'expose pas à marcher sur un serpent. Quand le jour est venu, ou quand la forêt est traversée, l'Indien, reconnaissant du service que lui ont rendu les pyrophores, et sachant que d'autres pourront comme lui en avoir besoin, les pose délicatement sur une feuille, et s'en va. Un proverbe mexicain dit : « Emporte la mouche de feu; mais remets-la où tu l'as prise. » Ce proverbe enseigne à la fois la prévoyance, la reconnaissance et la charité.

Les Indiens apportent un grand nombre de ces insectes à Mexico, et ils les vendent, non pas aux voyageurs, mais aux dames. Les pyrophores ressemblent tant à des pierres précieuses, ils en ont si bien l'éclat, la couleur, le feu, que les femmes ont imaginé de s'en parer, comme elles se parent de rubis, d'émeraudes et de diamants.

Après les avoir enfermés dans de tout petits sacs de tulle, afin de ne leur faire aucun mal, elles fixent ces petits sacs, en très-grand nombre, dans les nœuds de rubans et les bouquets de fleurs artificielles qui ornent leurs chevelures et leurs robes. Une femme couverte de ces bijoux vivants répand autour d'elle une lumière qui s'étend, dit-on, jusqu'à une distance de plusieurs pieds. On rapporte que le soir, sur les promenades de

Mexico, l'effet de ces parures est ravissant, ce qui est facile à croire. Et savez-vous à combien revient tout ce luxe ? il n'est pas cher, allez ! Les Indiens vendent les pyrophores deux réaux la douzaine. Or le réal vaut 27 centimes. Les dames en prennent le plus grand soin. Elles les conservent dans de jolies cages en fil d'archal, à mailles très-fines, leur donnent à manger de petits morceaux de canne à sucre, et ne manquent jamais de les baigner deux fois par jour.

Il ne faut pas croire que les pyrophores soient lumineux d'un bout à l'autre du corps. La lumière qu'ils répandent vient tout entière de trois petites lanternes, dont deux sont placées sur le dos, et une sous la poitrine. Il paraît que l'insecte peut, quand il le veut, fermer chacune de ces lanternes, comme on ferme les yeux en abaissant les paupières.

Le ver luisant non plus n'est pas lumineux sur tout le corps ; chacun sait cela : chez lui la lumière est fixée à la partie postérieure du corps et en dessous, et le plus ordinairement, non toujours, la femelle, constamment privée d'ailes, est seule lumineuse.

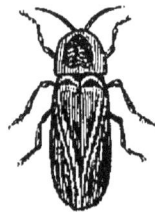

Lampyre noctiluque mâle.

Lampyre noctiluque femelle.

En Italie il y a des insectes du même genre où les deux sexes répandent également de la lumière, et on se figure quelle illumination doivent produire des milliers de ces petits êtres se poursuivant dans l'air.

Pour le dire en passant, ce nom de ver luisant ne vaut
rien du tout. Regardez d'un peu près l'animal auquel
on le donne, et vous verrez qu'il a trois paires de
pattes, les vers n'en ont pas. Le prétendu ver luisant
n'est donc pas un ver, c'est un insecte qui s'appelle
lampyre, et ce lampyre est un coléoptère.

J'ai dit que le taupin est un proche parent du pyrophore. Cependant le pyrophore est magnifiquement
paré, tandis que le taupin est vêtu de la manière la
plus modeste; mais chez les bêtes, comme chez les
gens, la différence d'habits n'empêche pas la parenté.

Les *bostriches* et les *callidies* vivent à l'état de larves
dans le bois, au sein duquel elles creusent de longues
galeries. Quand vient pour elles le moment d'en sortir,
rien n'est capable de les arrêter; rien, pas même les
métaux, ainsi qu'on va le voir.

En 1833, M. Victor Audouin, professeur au Muséum d'histoire naturelle, présenta à la Société entomologique une plaque de plomb provenant de la toi-
ture d'un bâtiment dans laquelle avaient été creusées de
profondes sinuosités semblables à celles que certains
insectes font dans le bois. Il attribuait ce travail à
des larves de callidies, et à l'appui de son opinion il
invoquait le témoignage de M. Emy, qui déclarait
avoir vu, à la Rochelle, des parties entières de cou-
vertures en plomb, non-seulement rongées, mais
percées de part en part par des larves de bostriches.

En 1843, M. du Boys, de Limoges, présenta à la
Société d'agriculture de cette ville des clichés typogra-

phiques, qui sont, comme on sait, composés d'un alliage beaucoup plus dur que le plomb ; ces clichés étaient criblés de trous régulièrement arrondis, d'un diamètre d'environ 4 millimètres sur 14 de profondeur. L'insecte, pour pratiquer ces trous, avait dû perforer plusieurs doubles de papier qui enveloppaient ces clichés, puis une première plaque métallique, une feuille de papier de paille interposée, deux plaques d'alliage typographique, une nouvelle feuille de papier, et enfin, rencontrant en ce point une dernière plaque métallique, il n'en avait attaqué que la superficie. Toutes ces perforations se correspondaient parfaitement, et formaient des sortes de conduits semblables aux galeries sinueuses que l'on rencontre dans les bois quand on vient à les scier dans un certain sens.

Le même, M. du Boys, fit l'expérience suivante. Il plaça dans un creuset de plomb un individu vivant de la *lepture couleur de feu*, coléoptère qui se trouve si souvent pendant l'hiver dans nos appartements, parce que la larve se développe en grand nombre dans le bois de chauffage. Par-dessus ce creuset, on en emboîta un autre contenant aussi un individu semblable, qu'on enferma et recouvrit par un troisième creuset conique. Quelques jours après, on sépara les creusets : celui du milieu avait été percé, et on trouva réunis les deux callidies ; l'insecte placé dans le creuset inférieur avait fait un trou pour s'introduire dans le creuset intermédiaire.

Les *dermestes* subsistent durant leur vie de larve aux

dépens de matières animales desséchées, et particulièrement de celles qu'on a desséchées pour les conserver; on n'est pas plus contrariant. Cette malicieuse
larve, ordinairement couverte de poils, déploie une
grande vivacité quand elle croit n'être pas vue; mais
dès qu'elle flaire un danger, elle se roule sur elle-
même et se laisse tomber comme un corps inerte, bien
certaine, étant protégée par ses longs poils, de ne se
faire aucun mal. Elle affectionne particulièrement les
pelleteries, et c'est pourquoi on l'appelle dermeste,
c'est-à-dire *mangeuse de peau*. Malheureusement le
vivant ne lui déplaît point, comme on en a la preuve
par l'histoire de la jeune Lazarette.

Douée d'une vive intelligence et jouissant d'une
excellente santé, Lazarette, âgée de neuf ans, fut, un
jour du mois d'octobre 1850, prise tout à coup d'un
grand mal de tête accompagné d'éblouissements, de
vertiges et d'éternuments répétés.

De douce et obéissante qu'elle avait été jusqu'alors,
la malade devint emportée, colère, insultant grossièrement ses parents, brisant tout, frappant ses camarades.
Mais cette exaltation cessa bientôt, et, revenue au
calme, Lazarette accusa une chaleur singulière entre
les sourcils, et dit avoir rendu de *petits grains* et de
petites bêtes en se mouchant.

Pendant près de deux mois, les mêmes corps conti-
nuèrent d'être expulsés par le nez sans que l'enfant
ni sa mère s'en inquiétassent. Enfin, un médecin appelé provoque une consultation, et soumet les insectes

à M. Brullé, professeur à la Faculté des sciences de
Dijon, qui y reconnaît les larves dermestes et celles de
quatre autres espèces d'animaux articulés.

Malgré les remèdes, les accidents s'aggravent. Le
25 mars 1851, Lazarette perd subitement connaissance, et, à peine revenue à elle, tombe dans des convulsions qui durent plusieurs heures. Le 29 mars, au
moment où elle portait à sa bouche une première
cuillerée de potage, elle pousse un petit cri, tombe et
se roule en divers sens. La face est violette, les mâchoires sont serrées, les yeux dirigés en dedans, les
muscles convulsés. Huit crises semblables se succé-
dèrent dans un court intervalle, laissant chaque fois
la pauvre enfant pâle, brisée, les yeux ternes. Enfin,
M. Dumenil, médecin en chef de l'asile des aliénés de
la Côte-d'Or, imagina d'imbiber un morceau de papier
non collé d'une solution d'arséniate de soude, puis de
la rouler en cigarette et de la faire fumer à la jeune
malade, en lui enseignant à faire sortir la fumée
par les narines. Il espérait ainsi atteindre les animalcules, qui s'étaient évidemment introduits et développés dans les tissus frontaux; son espoir ne fut pas
déçu, et le 8 novembre la petite Lazarette sortait
guérie de l'asile.

LES CRUSTACÉS

Le crabe, le homard, la langouste sont des crustacés, et les crustacés sont des animaux articulés. Passons-les en revue, et à tout seigneur tout honneur ; parlons d'abord des premiers de tous, des *décapodes*, ainsi nommés parce qu'ils ont cinq paires de pattes articulées. Chez tous, des branchies, un cœur, des vaisseaux.

La disposition de leurs pattes ne leur permettant pas de nager, les *crabes* habitent le fond de la mer. Ce sont des animaux craintifs, quoique carnassiers, et qui ne chassent ordinairement que la nuit. Ils jouissent d'une propriété bien remarquable, celle de reproduire les membres qu'ils perdent. Et j'ai regret à le dire, on la met cruellement à profit en certaines parties de l'Espagne. Au lieu d'amener le crabe lui-même sur le marché, on se contente d'y apporter ses grosses pattes, qu'on lui arrache, après quoi on le lâche pour renouveler la même opération l'année suivante. Il paraît que ces pattes ne repoussent bien que lorsqu'elles sont arrachées dans une articulation ; le crabe, qui sait cela, si on l'a mutilé trop bas, opère de lui-même une se-

conde amputation dans la jointure. Le *crabe tourtau*
est le plus estimé. Nous le mangeons ; mais il nous le
rend à l'occasion.

Être mangé par les crabes, quel contre-sens ! C'est
cependant ce qui est arrivé à un pauvre matelot, dont
un journal de Mexico a raconté l'histoire. De nombreux
sinistres maritimes avaient eu lieu pendant la nuit sur
la rade de Mazatlan : « Hier soir, disait le journal en
question, un des naufragés de *la Manette* a été ramené
des Cerritas. Il était dans le plus triste état. Ce malheureux est resté près de trente-six heures cramponné à
un morceau de vergue. En touchant terre, il s'est
évanoui, et ne peut dire le temps qu'il est demeuré là.
Il a les bras et les mains mangés en certains endroits
par les crabes. Il avait encore le sentiment de conservation qui le portait à les repousser ; mais il n'en avait
plus la force : ses bras étaient inertes. Les hommes
d'un des détachements de cavalerie envoyés par le
gouvernement, l'ont rencontré et relevé au moment
suprême de cette horrible agonie. Le médecin pense
qu'il en reviendra. »

Les *ocypodes,* au test presque carré, habitent l'Amérique, l'Asie et l'Afrique. Ils vivent ordinairement à
terre. Leur vitesse est prodigieuse. Un voyageur en
Syrie, Olivier, raconte qu'il essaya vainement d'en
prendre un à la course. Bien plus ! Bosc, à cheval, ne
put y parvenir, et il dut tuer à coups de fusil ceux dont
il s'empara. De là le nom de *cavalier* que les anciens
donnaient à ce crustacé.

Les *gecarcins,* dont la carapace est bombée et en forme de cœur, sont encore plus terrestres que les précédents. On les trouve en Asie et en Amérique, sur les montagnes, dans les forêts humides, cachés dans des fentes de rochers ou même dans des terriers. Ils respirent cependant par des branchies; mais une disposition organique, qu'on déclarerait éminemment ingénieuse si elle avait des hommes pour auteurs, fait que ces branchies sont tenues constamment humides, ce qui est indispensable à leur fonctionnement. Une espèce d'auge est, en effet, placée dans leur voisinage, et laisse lentement écouler sur elles le liquide qu'elle contient. C'est du moins ce qu'on observe chez certaines espèces. Chez d'autres le même résultat est obtenu par des moyens différents; celles-ci ont leur cavité branchiale tapissée d'une membrane qui fait l'office d'éponge. A l'époque de la ponte, les gecarcins s'acheminent vers la mer par bandes innombrables, marchant toujours en ligne droite, quels que soient les obstacles qu'ils rencontrent sur leur route. C'est aussi, comme M. le docteur Guyon nous l'a appris, ce que fait dans ses migrations le petit mammifère connu sous le nom de *lemming de Norwége.*

Les *grapses,* quoique marins, montent, dit-on, sur les arbres; un poisson, l'*anabas,* grâce à la structure de son appareil branchial, qui rappelle celle des gecarcins, peut faire le même tour de force bien extrordinaire chez un poisson. Les grapses sont répandus sur tout le globe; ceux des pays chauds sont remarquables par leur vive coloration. On en rencontre de nombreuses légions sur les bords des rivières. Dès qu'un bruit pour eux inquiétant se fait entendre, le pas d'un homme, par exemple, ils se sauvent à toutes jambes en faisant claquer leurs serres.

Les *pinnothères* établissent leur demeure, pendant une partie de l'année, dans certaines coquilles bivalves, particulièrement dans celles des moules et des jambonneaux. Les anciens avaient transformé cette sorte de parasitisme en une association véritable. D'après eux, le crustacé rendrait au mollusque des services de plusieurs genres, il le préviendrait de l'approche du danger, il irait pour lui aux provisions; il le pincerait en guise d'avertissement, quand un animal bon à prendre et bon à manger s'introduit dans sa coquille. Les Égyptiens, dans leur écriture hiéroglyphique, mettaient à côté des *pinnes marines* (coquilles bivalves) des *pinnothères*, voulant par-là symboliser la condition de ceux qui ne peuvent vivre sans le secours d'autrui. Cette histoire est aujourd'hui rangée parmi les fables; mais le règne animal présente plus d'un exemple d'associations aussi extraordinaires, pour le moins, que celle qu'on supposait exister entre notre crustacé et les coquilles bivalves; par exemple, l'entente d'un petit oiseau, le pluvier, avec le crocodile, dans la gueule duquel il entre impunément pour débarrasser le formidable saurien des insectes qui le tourmentent. Ce trait, rapporté par Hérodote, est un de ceux qui avaient valu à ce grand historien le surnom calomnieux de *père du mensonge*. Mais Geoffroy Saint-Hilaire, durant l'expédition d'Égypte, a été témoin du singulier service que le pluvier rend au crocodile.

Le *pagure*, nommé aussi *bernard-l'ermite*, *soldat*, etc., a une industrie analogue à celle des pinnothères. Comme ceux-ci, il se loge dans une coquille; mais c'est d'une coquille univalve qu'il fait choix.

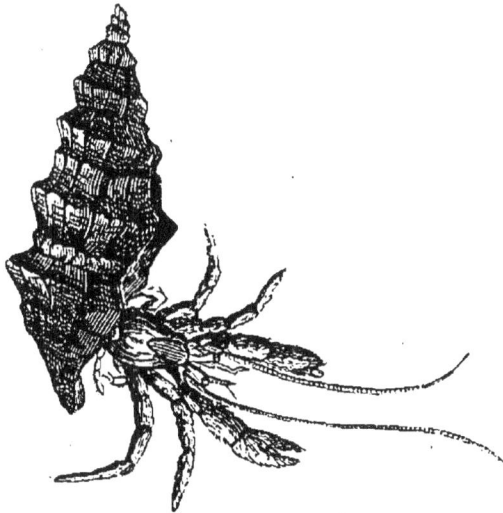

Pagure ou bernard-l'ermite.

Il y plonge son ventre, s'y cramponne à l'aide de ses pieds postérieurs et de ses appendices abdominaux, et ne va nulle part sans la traîner après lui. Quand, ayant pris de l'accroissement, il se trouve à l'étroit, il la remplace par une plus grande. Attaqué par un adversaire redoutable, il s'enfonce dans sa coquille, et en bouche l'ouverture avec l'une de ses pinces, ordinairement plus grosse que l'autre.

Les *langoustes*, les *écrevisses* et les *homards* ou écrevisses de mer, figurent si fréquemment sur nos tables et sont si abondants sur nos marchés, qu'il n'est personne qui ne les connaisse. Après avoir fait anciennement les délices des Grecs et des Romains, ils font les nôtres. Il y a des langoustes qui pèsent jusqu'à six et sept kilogrammes, et on en pêche, assure-t-on, qui ont près de deux mètres de long, antennes comprises, bien entendu. Les profondeurs des mers sont leur séjour habituel, et elles ne se rapprochent des rivages que pour y déposer leurs œufs, qui sont d'un beau rouge de corail. On sait que l'écrevisse peuple abondamment nos eaux douces; c'est dans les trous et sous les pierres qu'on les trouve. Le homard vit dans les parages rocailleux de la mer. Il pond de quinze à vingt mille œufs, et la langouste en donne plus de cent mille.

Cependant ces deux crustacés sont loin d'être aussi abondants sur nos côtes que ces gros chiffres le feraient supposer; cela vient de ce que pendant les premiers temps de leur vie ils se trouvent à la surface de la mer, où ils courent des chances innombrables de destruction. Un pêcheur de Cancarneau, M. Leguilloux, a eu l'heureuse idée de les prendre sous sa protection. Il a établi des réservoirs dans lesquels il fait éclore les œufs, et où les jeunes, par centaines de mille, accomplissent leur développement et acquièrent ces fortes pinces qui leur servent d'armes défensives. Ses viviers ont fourni, comme on le verra tout à l'heure, l'occasion de découvertes pleines d'intérêt.

Le *palémon*, nommé vulgairement et impropre-

ment crevette, vit en troupes sur les rivages de la mer.
La scie dont son front est armé n'empêche pas le palémon de devenir la proie des poissons; mais il a
du moins cette satisfaction, si c'en est une, de ne pouvoir être avalé que par derrière. Risso a vu des poissons se soumettre à cette condition.

Les *phronimes* terminent le groupe qui nous occupe.
Ils vivent dans le corps de quelques zoophytes, des
méduses entre autres. On prétend qu'ils y entrent et
qu'ils en sortent à volonté. Ils traiteraient donc la
méduse elle-même comme la pinnothère traite seulement la coquille de la moule; il est impossible de
mettre moins de façon dans l'indiscrétion.

On pensait, il n'y a pas encore un grand nombre
d'années, que les crustacés dont il vient d'être question ne subissaient point de métamorphoses, et qu'ils
n'éprouvaient que des mues. Un des naturalistes les
plus célèbres de ce siècle, Latreille, écrit dans son
Histoire naturelle des Insectes et des Crustacés, que ces
derniers « sont, en voyant le jour, pourvus des organes
qui leur sont propres et qui les caractérisent. » C'était
l'opinion commune.

Elle fut battue en brèche par J.-V. Thompson, qui
annonça que la crabe commune éprouve, dans sa
jeunesse, de véritables métamorphoses. Assertion aussitôt repoussée par la plupart des zoologistes. Elle est
aujourd'hui hors de doute.

Après Thompson, le capitaine Ducasse est le premier qui se soit engagé dans cette voie; il y fut suivi

peu d'années après par M. N. Joly, professeur à la
faculté des sciences de Toulouse. Suivant jour par jour
le développement des œufs d'une petite salicoque
qu'on trouve ordinairement dans le canal du Midi, et
qu'il a nommée *caridina Desmaretii*, M. N. Joly est
arrivé, en effet, à établir que ce crustacé éprouve de
véritables métamorphoses. Dans son premier état la
caridine ne possède, en effet, que trois paires d'appendices buccaux et trois paires de pattes, tandis que
l'adulte possède six paires d'appendices buccaux et
cinq paires de pattes. Bien plus, les trois paires de
pattes que possède la jeune caridine ne sont pas un
à-compte sur les cinq paires que possèdera le crustacé adulte; ces trois paires de pattes se changent en
mâchoires auxiliaires, et les cinq paires de pattes se
forment de toutes pièces. Ajoutons qu'au sortir de
l'œuf la *caridina Desmaretii* est privée de branchies,
de l'appareil stomacal et des fausses pattes abdomi-
nales, qu'elle possèdera plus tard.

En 1853, le pêcheur Étienne Leguilloux, déjà
nommé, ayant envoyé au Jardin des Plantes de petits
homards à peine éclos, M. Valenciennes reconnut que
ces petits sont des larves, et que ces larves, considérées jusqu'ici comme un animal *sui generis*, ont été
décrites sous le nom de *zoës*.

« Étienne Leguilloux, disait M. Valenciennes, a
obtenu de nombreuses éclosions. Il a vu, au bout de
huit jours, les petits changer une première fois de
peau; à deux mois, les changements des formes exté-

rieures sont encore plus sensibles ; à trois mois on
commence à voir les grosses pinces caractéristiques
du homard ; à six mois les petits ont pris la figure
d'un homard adulte. Ils ont alors de six à huit centimètres de longueur, et ils entrent dans le commerce

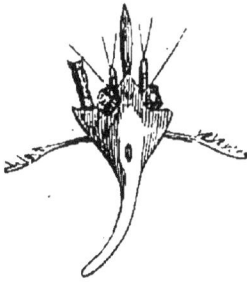

Zoë (larve de homard).   Homard.

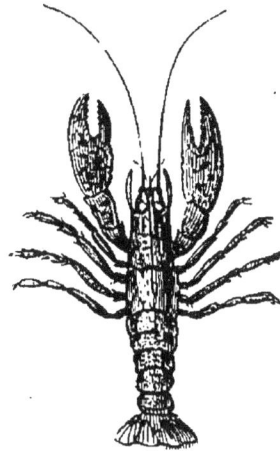

sous le nom de trois-quarts. Les gourmets les recher-
chent et les paient à proportion plus cher que les
homards adultes. »

Voici en fait de métamorphoses quelque chose de
plus extraordinaire encore.

Le *phyllosome* est un crustacé aplati comme une
feuille, transparent, formé de deux disques ou bou-
cliers dont le plus grand, situé en avant, forme la
tête de l'animal et porte les antennes et les yeux, dont
l'autre, en partie recouvert par le précédent, donne
insertion aux pattes, et se termine par un abdomen
souvent rudimentaire. Ces pattes sont tout à fait impropres à la marche, et ne peuvent servir qu'à la

nage. Comme tout le monde connaît la langouste, chacun peut apprécier maintenant combien ces deux formes diffèrent l'une de l'autre. Elles diffèrent à ce point, qu'on a fait des phyllosomes non point un genre ou même une famille, mais un ordre particulier. Eh bien, le prétendu ordre des phyllosomes ne renferme que des larves de langouste.

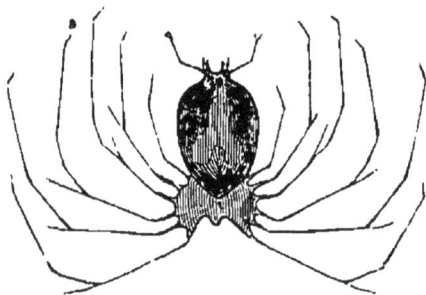

Phyllosome (larve de langouste).   Langouste.

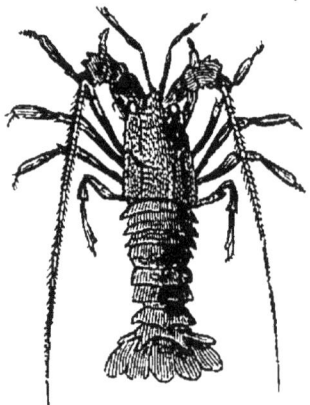

Cette découverte, annoncée il y a quelques années avait laissé des doutes dans l'esprit de quelques naturalistes. Un mémoire récent de M. Z. Gerbe les a dissipés; il montre que les larves des langoustes ont tous les caractères généraux des phyllosomes, et que les différences qui existent entre les premières et les seconds ne sont que des différences d'âge, qui s'effacent à mesure que les mues se multiplient.

Cela dit, je continue l'énumération des principaux genres des crustacés. Nous descendons l'échelle, et, de proche en proche, nous allons arriver aux animaux les plus inférieurs.

Tout le monde a pu voir dans les plus étroites flaques d'eau un petit animal allongé, comprimé, qui nage sur le dos: c'est le *branchipe*. Il a une tête, des yeux portés sur des pédicules, onze paires de pattes, point de test. Le mouvement de ses pattes conduit vers sa bouche les particules organiques dont il se nourrit. Le branchipe ne naît point sous cette forme, et il ne l'acquiert qu'après plusieurs mues.

Les *cyclopes*, au corps mou, allongé, terminé en queue, avec deux pattes soyeuses, deux ou quatre antennes et un seul œil, qui leur a mérité ce nom mythologique, habitent également nos mares. Les femelles, bonnes mères, portent leurs œufs dans deux petits sacs suspendus aux côtés de la queue.

Voici maintenant des crustacés qui vont nous mener fort loin, car avec eux nous allons, de proche en proche, faire une pointe, nous allons même en faire deux au delà des frontières de la classe à laquelle ils appartiennent.

Il s'agit d'abord de crustacés tout petits, même microscopiques, qui ont, avec un grand nombre de mollusques, cette ressemblance que leur corps, qui est mou, est renfermé dans une coquille à deux valves, à la vérité fort minces, plutôt cornées que calcaires, et transparentes. Ils vivent généralement dans les eaux douces, et, chez plusieurs, les antennes concourent à la natation avec les pattes, qui portent les branchies.

Parmi ces animaux sont les *daphnies;* tête apparente, deux antennes, huit ou dix pattes, une queue. La *daphnie puce* n'a pas plus de deux millimètres et demi de long; on la trouve quelquefois en telle abondance dans les mares, que certains naturalistes ont cru pouvoir, en raison de sa couleur, lui attribuer l'apparence de sang que prennent quelquefois les eaux stagnantes. Les sauts qu'elle fait et la forme ramifiée de ses antennes lui ont fait donner le nom de *puce aquatique arborescente.*

Je citerai encore les *cypris*, crustacés quasi microscopiques, dont le test bivalve s'ouvre et se ferme comme la coquille d'une huître. Ils vivent aussi dans les mares, et leurs œufs ont, comme ceux de beaucoup d'autres animaux, la propriété d'éclore quand, après avoir été desséchées, les mares qu'ils habitent viennent à se remplir d'eau.

Il s'agit d'abord... ai-je dit en vous présentant ces petits animaux; cela indique une suite. Voici maintenant, — et, comme vous le verrez tout à l'heure, nous ne nous éloignons qu'en apparence des daphnies et des cypris, — voici maintenant un groupe d'animaux auxquels il n'est pas aisé d'assigner une place exacte dans la classification, et qui de plus vont nous offrir un genre particulier de métamorphoses qui dégradent, au lieu de les élever, les animaux qui les éprouvent.

Jeunes, ils sont libres; adultes, ils sont fixés par le dos à un corps marin quelconque, un rocher, un pilotis, un navire, la coquille d'un mollusque, le test d'un crustacé, et ils y adhèrent pour toujours. Ils avaient des yeux et des antennes, ils les perdent. Ce sont les *cirrhopodes* ou *cirrhipèdes*. Cuvier les considérait comme des mollusques. M. Martin Saint-Ange, qui en a fait l'anatomie, voit en eux des crustacés qui font le passage aux annélides ou vers. On s'accorde générale-ment à les ranger parmi les crustacés ; mais ce sont des crustacés qui tiennent des mollusques et des annélides.

Ils sont revêtus d'un test calcaire formé de pièces analogues à celles des coquilles bivalves, tantôt adhé-rentes entre elles, tantôt, au contraire, libres, plus ou moins écartées, mobiles. Ils ont des membres rudimen-taires, espèces de cirrhes, au nombre de six paires, cor-nés, articulés, ciliés, destinés non à la marche, puisque l'animal est fixé, mais à la préhension des aliments ; ils sortent de la coquille pour s'emparer de ceux-ci, ils y rentrent pour les porter à la bouche.

Les *balanes* et les *anatifes* font partie des cirrhipèdes.

Les balanes ou *glands de mer* sont des sortes de cu-pules calcaires ; on les trouve en grande abondance au bord de la mer, sur les ro-chers, sur la carapace de certains crustacés, qu'elles défigurent horriblement, sur les coquilles des moules et d'autres mollusques. Un cirrhipède très-analogue aux balanes, la *coronule*,

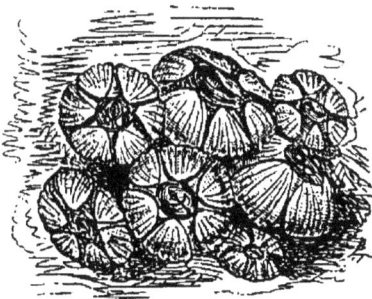
Coronule diadème.

vit sur la peau de la baleine.

Or Thompson, en 1830, ayant réuni dans un vase de très-petits animaux semblables aux daphnies (nous y voilà revenus), munis comme celles-ci d'une coquille bivalve et comme elles vivant dans les eaux douces, Thompson, dis-je, fut fort étonné quand, au bout d'un certain temps, il ne trouva plus dans son vase aucune de ces espèces de daphnies, et qu'il vit à leur place de petites balanes. Il en conclut naturellement que les animaux qu'il avait recueillis étaient de jeunes balanes, et que ces animaux, qui sont sédentaires, comme on vient de le voir, commencent par être libres.

C'est ce qui a été mis hors de doute par Bate en 1851.

D'après cet observateur, les métamorphoses des balanes se partagent en trois phases.

D'abord l'animal est libre, agile; il a des yeux, des antennes, tous les caractères d'un véritable crustacé.

En second lieu il s'entoure de deux valves.

Enfin il se fixe pour toujours, ayant perdu dans cette métamorphose rétrograde ses yeux et ses antennes.

La balane a également perdu l'estime des gourmets. Elle eut, dans l'antiquité, l'honneur de figurer sur les tables les plus somptueuses, et Arétée note que les balanes de l'Égypte étaient les plus succulentes et les plus estimées. Aujourd'hui on ne la mange nulle part.

Les anatifes présentent la même succession de métamorphoses que les balanes. Elles aussi finissent par se fixer, mais elles le font au moyen d'un organe spécial, très-allongé, cartilagineux, qui manque aux animaux précédents. Le développement de cette espèce de pied est très-rapide, et dans le port de la Calle M. Lacaze-Duthiers a vu des bateaux coralleurs, rentrant après quinze jours d'absence, porter sur leurs coques de jeunes anatifes qui n'y étaient point au départ, et dont le pied avait déjà plus d'un centimètre de long.

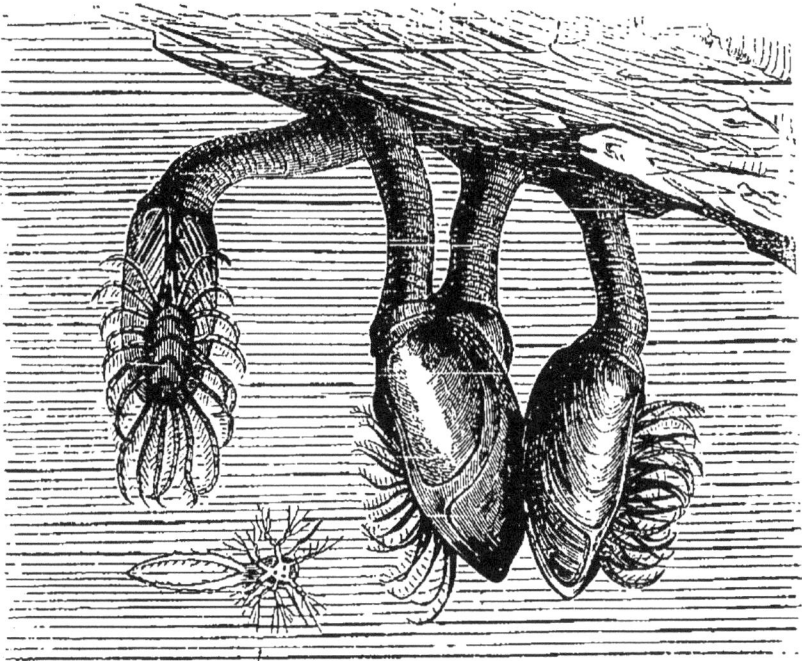

Anatifes fixées et larve de cirrhipède nageant.

Nous quittons les cirrhipèdes, et, achevant de descendre la série des crustacés, nous arrivons aux *crustacés suceurs*, animaux parasites dont la bouche, destinée en effet à la succion, est chez les uns formée d'une sorte de syphon, et chez les autres armée d'une ou de deux paires de crochets.

Parmi les bouches en syphon, il y a les *argules*, qui vivent sur les poissons de nos étangs; les *caliges* ou *poux des poissons*, et les *dichélestions*, qui s'attachent aux mêmes animaux au moyen des pinces frontales dont ils sont armés.

Les *lernées* ont la bouche munie de crochets. Ils se fixent à la peau, aux branchies et même dans la bouche des poissons, rongeant les chairs au point de disparaître dans leur intérieur, et causent à leurs hôtes infortunés des douleurs intolérables qui souvent se traduisent en accès de fureur.

Ces crustacés parasites sont soumis à des métamorphoses rétrogrades. Beaucoup d'entre eux, en effet, doués, à leur sortie de l'œuf, d'organes de locomotion assez puissants, en sont très-insuffisamment pourvus ou même tout à fait dénués lorsqu'ils ont atteint l'état adulte. Tels sont entre autres les caliges et les lernées. L'existence parasite qu'ils mènent n'est donc pas de leur choix, d'autant que les mâles chez quelques-uns, les femelles chez quelques autres sont privés de la vue. De là pour ces êtres déshérités la nécessité de suivre la destinée des poissons aux dépens desquels ils vivent.

Mais des dispositions particulières compensent en quelque sorte ces grands désavantages. Ainsi M. E. Hesse nous a appris que chez certains de ces crustacés un filet, un cordon tient pendant quelque temps l'embryon attaché à sa mère. Fixé par une de ses extrémités au bord frontal du jeune crustacé, ce filet est assez long et assez flexible pour laisser une certaine indépendance de mouvements à l'animal qu'il retient, et lui permettre d'aller chercher une place convenable sur le poisson aux dépens duquel il doit vivre, et sur lequel sa mère est elle-même établie. C'est un spectacle curieux et intéressant que de voir ces embryons, sur-

tout ceux des trébies et des caliges, qui nagent avec
assez de facilité, suivre à la remorque, comme un petit
bateau amarré à un grand navire, les évolutions de
leur mère. La liaison cesse quand le petit peut se procurer sa nourriture; alors la rupture du cordon se fait
au ras du bord frontal.

Quelques mots maintenant sur les *tétradécapodes*,
et nous en aurons fini avec les crustacés.

Tétradécapodes, c'est-à-dire sept paires de membres. Les uns vivent dans les eaux douces, d'autres
dans les eaux marines, d'autres sur terre; tous ont des
branchies. Chez les espèces terrestres, les branchies
sont modifiées de manière à pouvoir agir sur l'air humide.

Je parlais tout à l'heure d'échelle animale. Mais on
se tromperait bien si on pensait que tous les animaux,
ou que même tous les animaux d'une même classe,
puissent être placés les uns au-dessus des autres,
comme les degrés d'une échelle. Il n'en est rien; et
on va bien le voir; car, après avoir descendu jusqu'aux
caliges et aux lernées la série des crustacés, nous ne
pouvons continuer l'histoire de celle-ci sans remonter
d'abord presque aussi haut que le point d'où nous
étions partis, pour redescendre une fois encore jusqu'où nous sommes arrivés tout à l'heure. Ce qui prouve
que, même dans une classe d'animaux, il n'y a point
une seule série, et qu'il y en a plusieurs.

Les premiers des tétradécapodes sont, en effet, des
animaux d'un ordre assez élevé. Leur structure comme

leur aspect les rapprochent de certains crustacés décapodes, qui sont, ainsi qu'on l'a vu, les princes de la
classe. Telle est, par exemple, la *crevette*, la *vraie
crevette des ruisseaux*, qu'on voit nager sur les côtés
en étendant et en fléchissant alternativement son corps,
et qui, *grosso modo*, ressemble assez aux palémons
pour qu'on donne vulgairement à ceux-ci le nom des
premiers.

D'autres, comme les *cloportes,* par leur forme aplatie
et leur existence terrestre semblent faire le passage
aux myriapodes ou mille-pieds.

Enfin il y en a, comme dans la série précédente,
qui vivent en parasites sur d'autres animaux, et chez
ceux-ci l'organisation subit une dégradation comparable à celle des crustacés suceurs; aussi ont-ils, au
lieu de pattes, des espèces de crochets au moyen desquels ils se cramponnent à leur proie.

Dans le nombre, mais non au dernier rang, est le
cyame, et, entre autres, le *pou de la baleine,* comme
les pêcheurs le nomment, parce qu'en effet il vit sur
l'immense cétacé.

Les *cymothoés,* appelés aussi *poux de mer, œstres des
poissons, asiles des poissons,* parce qu'ils s'attachent
aux poissons comme les œstres et comme les asiles
s'attachent aux mammifères, sont déjà d'anciennes
connaissances de nos lecteurs, à qui nous en avons
parlé à l'occasion des sarigues et des kanguroos. Ces
cymothoés subissent de véritables métamorphoses, et,
comme chez les crustacés suceurs et les cirrhipèdes, ces

métamorphoses sont rétrogrades. Ainsi les jeunes ont des yeux et même de gros yeux; les adultes n'en ont pas du tout. Les jeunes ont de même une nageoire caudale qui manque aux vieux. Cette nageoire disparaît quand elle devient inutile, c'est-à-dire quand l'animal se fixe, car il commence par être libre. En échange, on trouve chez les cymothoés fixés des parties qui n'existent pas dans le premier âge.

Enfin le *bopyre*, parasite aussi, pousse l'impudence jusqu'à vivre sur les animaux de sa classe, sur les crevettes et les salicoques, dont il suce les branchies, et qu'il rend difformes en déterminant des bosses sur leur corselet. Les pêcheurs prétendent que ces parasites ne sont autre chose que de petites limandes ou de petites soles. La vérité, moins merveilleuse, est que, comme beaucoup d'individus d'un rang plus élevé que les crustacés, les bopyres promettent dans leur jeune âge plus qu'ils ne tiennent par la suite; car, ayant en commençant une organisation assez élevée, ils descendent si bas, qu'ils semblent le dernier échelon de leur type, et qu'après eux il n'y a plus qu'à tirer l'échelle. Ce que nous faisons.

LES VERS

Nulle part la division du corps en anneaux successifs n'est plus apparente que chez les vers; nulle part non plus on ne voit mieux que chacun de ces anneaux ou de ces groupes d'anneaux est tout un animal, et que l'articulé n'est autre chose qu'une association, une sorte de colonie d'individus réunis bout à bout.

Que l'on compare entre eux, chez certains articulés, les différents anneaux qui les composent, et on verra que ces anneaux se répètent les uns les autres. Qu'on en isole un, il est pourvu de tous les organes essentiels à l'animalité; il a un système nerveux ganglionnaire, une dilatation vasculaire faisant office de cœur, un renflement stomacal: c'est un animal complet.

Cela explique, jusqu'à un certain point, comment ces animaux étant divisés soit spontanément, soit artificiellement en un certain nombre de tronçons, chaque tronçon peut continuer de vivre; et, reproduisant les anneaux qui lui manquent, acquérir avec le temps les dimensions de l'animal dont il a été détaché.

Chacun sait qu'il en est ainsi du *lombric* ou ver de terre.

Voici un autre exemple.

La myrianide, autre annélide étudié par M. Milne-
Edwards, se compose d'une longue suite d'anneaux,
dont le premier a des yeux et des appendices tentaculi-
formes. Si l'on coupe l'animal, chaque tronçon reproduit
ce qui lui manque, l'un une tête, l'autre une queue ; et
le ver peut se transformer en autant d'animaux qu'on
en a fait de tronçons. Mais, en outre, la myrianide se
multiplie d'elle-même d'une manière analogue. Certains de ses anneaux se munissent de rudiments de
tentacules et d'yeux ; et quand le développement de ces
organes est assez avancé, la division s'opère dans les
endroits où ils se sont formés.

Les animaux élémentaires dont chaque ver et chaque
articulé se compose sont ce qu'un naturaliste récemment et prématurément enlevé à la science, M. Moquin-Tandon, appelait des *zoonites*.

Il montrait, par exemple, que, dans la sangsue médi-
cinale, chaque groupe de cinq anneaux successifs constitue un être particulier qu'on peut, au moins par la
pensée, isoler des segments voisins, et qui possède sa
fraction propre de système nerveux, d'appareil circula-
toire, de tube digestif, d'organes mucipares et reproducteurs, de faisceaux musculaires et même de taches
tégumentaires. De là une multitude d'expériences fines
et délicates dans lesquelles M. Moquin-Tandon excellait. Il aimait à les raconter dans ses leçons, — écrit
M. Baillon, professeur à la faculté de médecine de Paris,
— il montrait comment une sangsue coupée en travers

continue de sucer le sang de l'animal auquel elle est attachée, et comment le sang s'écoule par la section transversale; comment une portion limitée du corps de la sangsue, attaquée par une liqueur corrosive, perd seule sa vitalité; comment un zoonite moyen de sangsue peut être tué sans que les parties antérieures et postérieures cessent d'exister; comment même des tronçons isolés d'un même ver peuvent vivre pendant longtemps, quoiqu'ils ne reçoivent point de nourriture.

Nulle part, ai-je dit, la nature élémentaire de l'articulé n'est plus visible que chez le ver (exceptons cependant les myriapodes ou mille-pieds); mais, pour être moins apparent chez les insectes, les crustacés et les arachnides, parce que chez ceux-ci les anneaux successifs ne sont pas identiques entre eux, le fait curieux qui nous occupe n'est pas moins vrai des animaux dont il a été question dans les deux chapitres précédents que de ceux qui forment le sujet de celui-ci.

La seule différence, comme l'a fait remarquer M. Lacaze-Duthiers, est que, dans ces assemblages de zoonites qui constituent une crabe, un hanneton ou une araignée, il y a des individus, des zoonites, qui travaillent non-seulement pour eux-mêmes, comme font les zoonites d'un ver, mais qui travaillent de plus au profit de la communauté, et qui, outre les fonctions générales que tous remplissent, ont des fonctions spéciales. Chaque zoonite a, chez beaucoup d'insectes comme chez le ver, son système nerveux particulier, son cœur, ou ce qui en tient lieu, et son organe respiratoire ; mais, en outre, il a, ou du moins certains ont un rôle particulier à remplir, et plus les rôles sont distincts, en d'autres termes, plus le travail est divisé, plus en même temps la colonie est parfaite, plus l'être collectif que celle-ci forme est d'un ordre élevé.

Prenons un insecte, dit le naturaliste que nous venons de citer ; nous voyons la forme de chaque zoonite modifiée profondément par les rapports qui le lient aux zoonites voisins.

Le premier, celui qui est en tête de la série, étant placé là comme une sentinelle chargée de prendre connaissance du monde extérieur, est porteur des organes des sens : là sont les yeux, les antennes, etc.

Après lui vient le zoonite nourricier ; la préhension des aliments est son affaire ; c'est ici qu'est la bouche.

Ensuite les zoonites chargés de transporter toute la colonie dans l'espace ; zoonites locomoteurs, munis de pattes et souvent aussi d'ailes.

Enfin, l'ensemble se termine par les zoonites chargés de la multiplication de l'espèce, et ceux-ci sont armés d'organes spéciaux, tels que tarières, aiguillons, etc...

En tête de la classe qui nous occupe, sont les vers à sang rouge. La couleur de leur sang, qui est un trait de ressemblance entre ces animaux et les animaux supérieurs, avait porté les zoologistes à mettre ces vers au-dessus de tous les articulés ; mais les *annélides*, comme on les nomme, sont par tout le reste de leur organisation évidemment inférieurs aux insectes, crustacés, etc., ce qui prouve que rarement, parmi les bêtes aussi bien que parmi les gens, on est le premier en tout.

Ce groupe des annelés contient du reste des animaux d'un ordre évidemment inférieur : ainsi, à côté des *lombrics* ou *vers de terre*, dont tout le monde connaît les habitudes souterraines, des *naïs*, qui vivent dans la vase, des *sangsues*, qui vivent dans les eaux douces, des *aphrodites* et des *néréides*, qui sont marines et nagent fort bien; à côté, au-dessous de ces vers, qui jouissent d'une entière liberté de mouvement, nous en trouvons qui sont fixes.

Telles sont les *serpules*, les *amphitrites* et les *terebelles*, qui vivent à l'intérieur de tubes plus ou moins solides. C'est le tube calcaire des *serpules* qui rampe sur la coquille des huîtres, où personne n'a pu manquer de les apercevoir. Ceux des amphitrites et des terebelles n'ont point cette solidité; membraneux ou même muqueux, ils sont grossièrement recouverts de sable ou de fragments de coquilles; tous ces animaux sont marins.

Je passe maintenant au groupe de vers intestinaux.

Ils sont ainsi nommés, parce que la plupart vivent à l'intérieur du corps des animaux, les uns dans tel organe, les autres dans tel autre : dans le foie, dans l'œil, dans le cerveau, dans les muscles, dans le sang, etc. Presque tous les animaux vertébrés ont leurs parasites, lesquels, à leur tour, ont souvent les leurs. Le lapin de clapier en a trois, l'âne et le chat quatre, la chèvre cinq, le chien et le cochon huit, le mouton et le bœuf dix, le cheval onze; c'est du moins ce qui résulte d'une nomenclature dressée par M. Paul Gervais. Parmi les oiseaux, la poule en a six. La grenouille, sans qu'on puisse l'accuser d'avoir voulu se faire plus grosse que le bœuf, en a un de plus que celui-ci : onze comme le cheval. Les animaux sauvages ont les leurs comme les animaux domestiques. L'homme a les siens, et même il est sous ce rapport le mieux partagé de tous les êtres animés; il nourrit une vingtaine de vers intestinaux.

Mais, comme le fait observer le naturaliste qu'on vient de nommer, la présence de ces vers est loin de constituer toujours une maladie, et on peut dire qu'il est dans l'ordre naturel des choses que les animaux nourrissent aux dépens de leur propre substance, ou de la surabondance de leur fluide nourricier, quelque autre espèce animale ou même végétale : ce qui n'empêche pas d'ailleurs que, dans une multitude de cas, l'être animé hanté par les intestinaux ne soit gravement et même mortellement malade, ce dont on aura des exemples tout à l'heure.

Un célèbre anatomiste allemand, Rudolphi, classait les entozoaires en cinq catégories distinctes, de la manière suivante :

Les NÉMATOÏDES à corps grêle, plus ou moins filiforme, et rigidule ou élastique; à canal intestinal complet, avec la bouche en avant, l'anus en arrière; à sexes séparés. Les principaux genres sont : *filaires*, *trichocéphales*, *oxyures*, *strongles*, *ascarides*, etc.

Les Acanthocéphales, dont le corps est grêle, en forme de bourse, élastique, pourvu d'une trompe armée de crochets, et dont les individus sont également de deux sortes, les uns mâles, les autres femelles. Cette section ne renferme que le genre *échinorhynque*, très-nombreux en espèces.

Les Trématodes, à corps aplati et mollasse, munis de suçoirs; tous les individus ont les deux sexes. Genres principaux : *monostome*, *distome*, *tristome*, etc.

Les Cestoïdes, à corps allongé, mais continu ou articulé; à tête quelquefois simplement labiée, et le plus souvent munie de deux ou de quatre suçoirs. Tous les individus ont les deux sexes; dans ce groupe sont compris le *scolex*, le *bothriocéphale* et le *tænia*, dont on compte 150 espèces.

Enfin les Cystiques à corps déprimé ou grêle, terminé en arrière en vésicule propre à un ou à plusieurs individus, à tête pourvue de deux ou de quatre suçoirs et surmonté soit d'une couronne de crochets, soit de quatre trompes également garnies de crochets. Mode de reproduction inconnu du temps de Rudolphi. Genres principaux : *cysticerque*, *cœnure*, *échinocoque*.

D'autres classifications ont été proposées depuis celle qui précède. Nous citons celle de Rudolphi parce qu'elle a été établie dans un ouvrage devenu classique, parce qu'elle donne une idée suffisante de la variété des formes et de l'organisation des intestinaux, et que par conséquent elle suffit à l'intelligence de ce qui va suivre. D'ailleurs, après les récentes et grandes décou-

vertes dont cette division du règne animal a été l'objet,
il n'est pas de classification des entozoaires qu'on puisse
considérer autrement que comme provisoire.

Nulle part, en effet, les métamorphoses ne sont plus
profondes, et elles se compliquent de migrations bien
plus extraordinaires que toutes celles que nous avons
constatées jusqu'ici. Nous allons voir en effet le même
ver passer en même temps d'un animal dans un autre,
et d'une des sections de Rudolphi dans une autre section.

Le sujet est immense, et comme il est en même
temps très-merveilleux, nous procèderons graduellement à son exposition.

Voici donc d'abord un exemple très-simple de migrations.

Disséquant, il y a peu de temps, le cœur d'un phoque,
M. Joly y trouva plusieurs vers nématoïdes femelles,
plusieurs filaires longs de 15 à 20 centimètres et d'un
diamètre de 0^m 80 à 1 millimètre. Quatre de ces vers
s'étaient fixés dans l'oreillette droite, et deux dans l'o-
reillette gauche du cœur. Ils forment, paraît-il, une
espèce nouvelle, la *filaria cordis phocœ*.

Comment s'étaient-ils introduits chez le phoque?
M. Joly pense qu'ils lui sont transmis par les poissons
dont il fait sa nourriture. Ceux-ci ont, en effet, leur
filaire, et ce filaire est toujours dépourvu d'organes de
reproduction. Il est donc à présumer que le ver des
poissons n'est autre chose que la larve du ver du
phoque, et qu'il n'acquiert tout son développement

que dans le sang du phoque, où il ferait même ses petits.
Ainsi le mammifère marin s'infecterait en mangeant.
Nous allons en voir bien d'autres. Continuons.

Le *ver de Médine* (*filaria medinensis*) est commun
dans les régions tropicales de l'ancien continent. Sa
longueur atteint quelquefois quatre mètres ; sa largeur
ne dépasse guère un millimètre. Il habite sous la peau
dans le tissu cellulaire des jambes et de l'abdomen de
l'homme, du nègre comme du blanc. On en trouve
plusieurs sur le même sujet, chacun étant logé dans
une tumeur particulière. Quelquefois la douleur pro-
voquée par la présence de cet helminthe est nulle ; dans
d'autres cas elle est assez vive pour qu'on soit obligé de
recourir au chirurgien. Il arrive que le ver perce la
peau ; il devient alors nécessaire de l'extraire. On trouve
des animaux de ce genre sur les oiseaux et sur les poissons. On en a trouvé quinze à vingt longs de $1^m,50$ à
$1^m,70$ sous la peau d'un guépard du Kordofan, mort à
la ménagerie. L'animal était triste, moins apprivoisé,
moins câlin que les guépards possédés à d'autres
époques par le même établissement.

Comment ce ver de Médine s'introduit-il chez
l'homme ? C'est ce qu'on ne sait pas encore positive-
ment ; cependant la plupart des naturalistes pensent
que dans le jeune âge l'helminthe vit dans les eaux.

Ce qui est certain, c'est que, suivant la remarque
de M. le docteur Guyon, partout où on observe le dragonneau chez l'homme, on en trouve également dans
les eaux et même dans le sol.

Ainsi, un jour du mois de mars 1858, dans le haut Sénégal, à Batikolo, village dont les habitants sont infestés par le ver de Médine, un chirurgien de marine, M. Joubert, faisant creuser dans une terre humide des trous pour établir les appuis d'un gourbi, trouva un dragonneau de 18 centimètres de longueur.

On cite quelques autres faits du même genre. Mais le ver terrestre ou aquatique est-il de même espèce que celui qui vit chez l'homme ? C'est ce qui n'est pas établi. S'il y a identité spécifique, l'introduction des premiers dans l'organisme s'expliquerait assez aisément. Les germes ou les petits nés dans l'eau pénétreraient dans l'homme avec les boissons comme la sangsue du cheval s'introduit chez celui-ci, chez l'homme et chez un grand nombre d'animaux. C'est, paraît-il, l'opinion unanime des indigènes de la côte occidentale d'Afrique, comme c'est aussi celle des habitants de toutes les contrées où vit le ver de Médine.

C'est par la même voie, pour le dire en passant, que, d'après M. C. Davoine, les embryons du *tricocéphale* et de l'*ascaride lombricoïde* (vers nématoïde des Rudolphi) entreraient chez nous. D'après ce naturaliste, leurs œufs se développeraient hors de l'homme, et ne donneraient naissance à l'embryon qu'après huit mois au moins pour l'un, et six mois pour l'autre.

Durant ce long intervalle de six et de huit mois, ces œufs, rejetés au dehors avec les excréments, ont tout le temps d'être transportés par les pluies dans les ruisseaux et dans les fleuves. C'est donc avec l'eau servant à la préparation de nos aliments que les embryons du tricocéphale et de l'ascaride lombricoïde arriveraient dans les intestins de l'homme, où ils poursuivent ensuite le cours de leur développement. .

Revenons aux filaires.

Le docteur Guyon a désigné sous le nom de *filaire sous-conjectival* un helminthe qui habite dans l'œil de · l'homme entre la conjonctive et la sclérotique, et dont, à cause de la transparence de la première de ces deux membranes, on peut suivre les mouvements chez la personne qui en est affectée. On le voit disparaître après un certain laps de temps, pour revenir, puis disparaître encore, ce qui peut se renouveler plusieurs fois.

En 1838, le savant que je viens de nommer fit connaître le cas d'une jeune négresse de la Martinique, originaire de la côte d'Afrique, qui avait à la fois deux filaires longs chacun de 3 à 4 centimètres. Habituellement l'un se trouvait dans un œil, et l'autre dans l'autre ; mais ils se réunissaient quelquefois, le passage du côté droit au côté gauche se faisant avec une grande rapidité à travers le tissu cellulaire de la racine du nez. Ils étaient séparés lorsque le chirurgien fit l'extraction de celui qui se trouvait alors dans l'œil gauche ; mais lorsque quelques heures après il voulut faire la seconde opération, il vit que l'autre ver avait passé à son tour dans l'œil gauche, d'où on le tira par une nouvelle incision.

Plus récemment, le même observateur a mis sous les

yeux de l'Académie le plus grand ver qu'on ait extrait de l'œil; celui-ci mesure 15 centimètres de long, il provient d'un nègre du Gabon.

Quelques zoologistes pensent que ce filaire est une espèce distincte du filaire de Médine; d'autres qu'il en est seulement le jeune; d'autres encore qu'il pourrait être le mâle de cette espèce, dont jusqu'ici on ne connaît que la femelle.

La seule chose certaine, c'est que l'un et l'autre se trouvent dans l'Afrique tropicale, l'Arabie, la Perse et l'Inde, et qu'ils habitent tous les deux le tissu cellulaire. Mais, d'après le docteur Guyon, le filaire sous-conjectival n'apparaîtrait dans le tissu sous-cellulaire qu'à de certains moments, comme font les oiseaux de passage dans chacune de leurs patries, et il s'en éloignerait lorsqu'il n'y trouverait plus l'espace nécessaire à son développement.

Nous venons de voir les intestinaux opérer de grands voyages; mais nous n'avons encore aucune idée des transformations qu'ils éprouvent chemin faisant. C'est ce spectacle que nous allons maintenant nous donner. J'ai promis des merveilles, en voici.

Les *cysticerques* (ils vont jouer un grand rôle dans ce qui suit) se rencontrent fréquemment dans les parties du corps occupées par le tissu cellulaire; on en a trouvé dans la pie-mère, dans le tissu cellulaire sous-cutané, dans les interstices musculaires, etc. M. Berend en a observé sur les lèvres d'un enfant d'un an; il avait l'apparence d'une tumeur grosse comme un haricot; une petite incision donna issue à l'animal. Mais c'est du cysticerque du lapin qu'il s'agit.

Ce cysticerque du lapin (*cysticercus pisiformis*), long de six à dix millimè-tres, blanc, **un peu bleuâtre**, est formé d'une tête, d'un col et d'une ampoule ; la tête arrondie en dessus, couronnée de deux rangées circulaires de crochets et pourvue de quatre ventouses, n'a aucune ouverture

Cysticerque du tissu cellulaire.

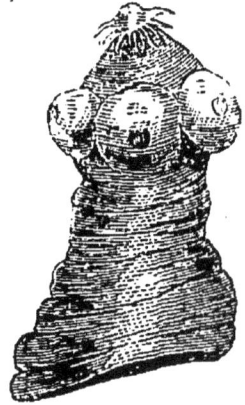

Partie antérieure du cysticerque du tissu cellulaire (considérablement grossie).

orale ; le col est plissé. L'ampoule vésiculaire est pointue, aussi longue que le reste de l'animal. La mort de ce cysticerque suit de près celle du lapin aux dépens duquel il vit. Cependant, si on a soin d'ouvrir la cap-sule dans laquelle chaque cysticerque est renfermé, et de recevoir celui-ci dans un vase rempli d'eau tiède, on peut étudier facilement ses mouvements : on lui voit alors étendre ou retirer ses ventouses, redresser ou coucher ses crochets, dont chacun se meut isolé-ment, plier, allonger ou rétracter son col et surtout sa vésicule caudale.

On connaît le goût du chien pour le lapin. Lorsque le premier mange le second, il introduit nécessairement dans son estomac le cysticerque du second. Que devient dans l'intestin du chien le cysticerque du lapin? Voici.

En quelques heures il perd sa vésicule. Au bout de huit jours il n'a plus que la tête, et il habite le duodénum. Or cette tête donne naissance à un ruban aplati, composé d'articulations nombreuses, étroites, et le cysticerque de tout à l'heure s'est transformé en tænia. Un naturaliste appuie cette transformation sur l'expérience suivante. Ayant mêlé aux aliments d'un chien soixante-dix cysticerques de lapin, il a trouvé quelques jours après vingt-cinq tænias dans l'estomac du chien.

Mais le chien a bien d'autres manières de donner l'hospitalité au tænia. Ici le mouton entre en scène. Les moutons sont quelquefois pris d'une sorte de vertige par suite duquel leur corps s'anime d'un mouvement gyratoire qui finit par les faire tomber. C'est la maladie connue sous le nom de *tournis*. Cela est incontestablement causé par un ver, un cœnure, le *cœnurus cerebralis* logé dans le cerveau du malheureux mouton. Ce cœnure est une vésicule munie de plusieurs têtes. D'où vient-il? qui le donne au mouton? Le chien. Et qui l'avait donné au chien? Le mouton. C'est entre eux un prêté pour un rendu, le *cœnurus cerebralis* étant, selon un grand nombre de savants, la larve du *tænia serrata*.

Cependant, comme on vient de le voir, le cœnure habite le cerveau du mouton, et, comme on le sait, le tænia réside dans l'intestin du chien.

Comment donc l'affreuse larve passe-t-elle de l'herbivore au carnassier? et comment les œufs de l'hor-

rible ver passent-ils du carnassier à l'herbivore? Voici
ce qu'on raconte à ce sujet.

Premier temps. Un chien dévore la tête d'un mouton
mort du *tournis*, et voilà le cœnure dans l'estomac du
chien. S'y trouvant bien, il s'y développe : ses têtes ou
ses *scolex* se détachent de la vésicule commune, s'allongent démesurément, et chacune d'elle devient un
tænia. Celui-ci prospérant, un moment vient où quelques anneaux chargés d'œufs se détachent de son corps;
ils sont expulsés avec les excréments.

Second temps. Tout en broutant l'herbe des champs,
le mouton avale les œufs. Installés dans son intestin,
ceux-ci éclosent, des larves microscopiques en sortent
qui se fraient une route à travers les tissus, qu'elles
perforent jusqu'au cerveau de l'animal. Parvenues au
terme de ce voyage, elles se changent en cœnures qui
tuent le mouton, et la palingénésie de l'entozoaire est
close.

M. Van Benedin rapporte qu'ayant introduit dans
l'estomac d'un jeune chien un certain nombre de *cœ-*
nurus cerebralis, il a constaté bientôt après que le
corps de ce chien renfermait autant de tænias (très-
improprement appelés solitaires, comme on voit) qu'il
y avait introduit de cœnures.

D'un autre côté, ayant suivi le développement des
œufs du tænia serrata, il a constaté que des cœnures
du mouton en sortent.

Il prit de ces jeunes vers nés du tænia du chien et
les déposa dans les fosses nasales du mouton; les vers

perforèrent les muqueuses en tous sens jusqu'à ce
qu'ils fussent arrivés dans une région du crâne percée

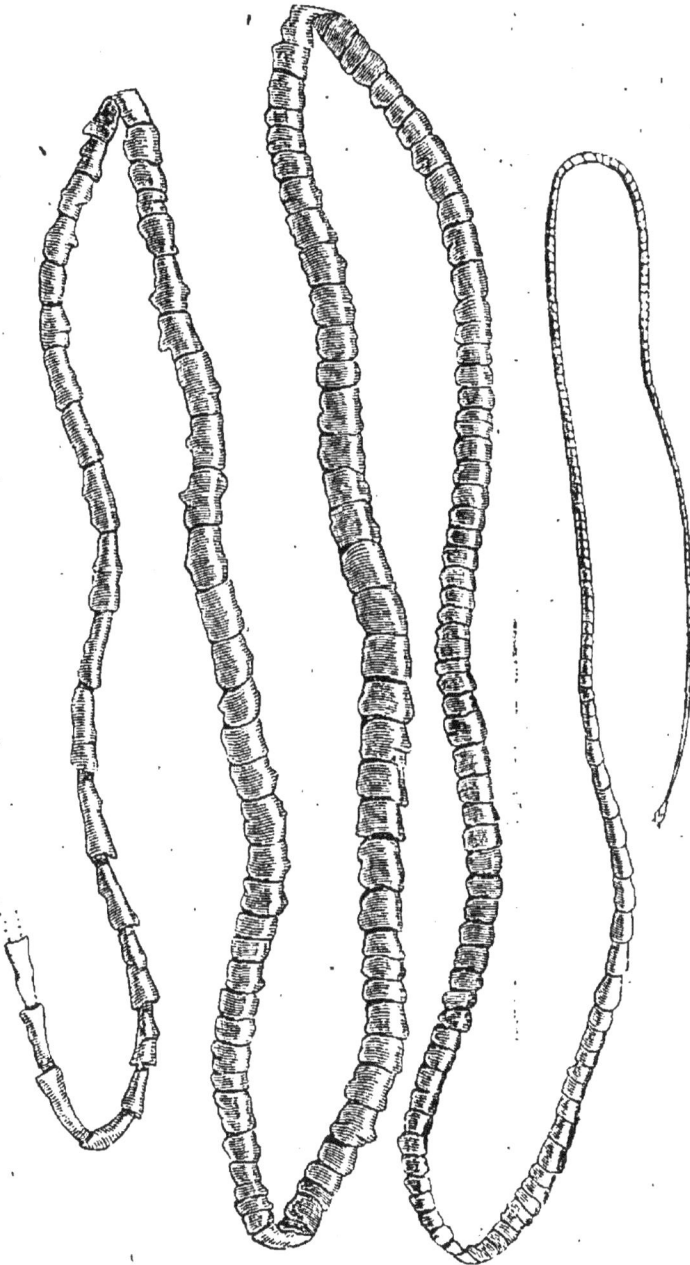

Tænia solium (ver solitaire).

de trous qui leur permirent de se rendre à destination,
c'est-à-dire dans le cerveau du mouton.

Tous les naturalistes ne s'accordent pas sur les anté-
cédents du tænia du chien. Il y en a qui les font venir
du *cysticercus pisiformis*, d'autres du *cysticercus cel-
lulosus*, d'autres du *cysticercus tenuicollis;* mais tous
ou presque tous ajoutent une foi entière aux migrations que nous venons de racon'er. En général, tout
animal carnassier serait infecté par ses victimes, ce
qui ne manquerait pas de moralité; ainsi les vers du
chat proviendraient des souris, et ceux de l'homme
du porc.

On connaît chez l'homme deux variétés bien carac-
térisées de tænias : le *botriocephalus laius* et le *tænia
solium*.

La tête de ce dernier est munie de quatre suçoirs,
avec une couronne form'e de crochets pointus. Les

Tête du tænia solium   Tête du tænia solium   Crochets
vue de face.   vue de profil.   du tænia solium.

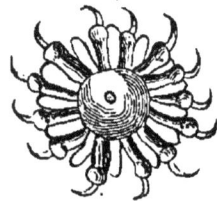

anneaux sont aplatis. Tout le long du corps s'étendent
deux canaux qu'on regarde comme des tubes digestifs.
Dans chaque anneau un conduit transversal réunit ces
canaux l'un à l'autre. Les vaisseaux sanguins s'étendent également dans toute la longueur de l'animal. Les
tænias ont les deux sexes, et chacun de leurs anneaux

possède des organes mâles et des organes femelles ; ces derniers sont remplis d'un très-grand nombre d'œufs, pourvus d'une enveloppe calcaire, grâce à laquelle ils peuvent, même dans des circonstances défavorables, conserver la faculté de se développer. Les anneaux les plus rapprochés de la tête sont les plus jeunes, les moins développés, et, par conséquent, les plus petits. Plus les anneaux sont vieux, plus leurs appareils reproducteurs sont développés, plus ceux-ci contiennent d'œufs, et, dans plusieurs de ces œufs, on peut même quelquefois reconnaître l'embryon. Les derniers anneaux, c'est-à-dire les plus anciens, étant mûrs, se détachent isolément ou en chaînes entières, et, comme alors ils continuent de se contracter, on les a décrits quelquefois comme une espèce particulière de vers.

S'étant détachés, ils sont expulsés avec les excréments, et c'est ainsi que sont semés des milliers de germes de tænias.

Il en périt un grand nombre ; les autres sont avalés avec les aliments ou les boissons, par certains animaux.

Introduit dans le tube digestif de ceux-ci, l'œuf se développe, un embryon microscopique en sort, tout différent des tænias et armé de crochets pointus qui se meuvent dans tous les sens. A l'aide de ses crochets, il perfore les tissus de l'animal. Arrivé dans le tissu cellulaire des organes, il s'y enveloppe d'une capsule, ou, comme on dit, s'enkyste.

Une profonde métamorphose s'opère dès ce moment dans l'embryon : d'abord ses crochets tombent, son corps représente alors une vésicule, cette vésicule grandit en même temps que le kyste qui l'entoure ; à l'intérieur de l'embryon se forme un bourgeon, qui peu à peu devient une tête et se garnit de suçoirs ; le cou se dessine, s'allonge, et les crochets apparaissent peu à peu. Enfin la larve toute formée se renverse hors de sa vésicule. Elle n'a alors ni tube digestif ni organes reproducteurs. Ignorant la filiation de ces vers, on en avait fait un ordre à part, sous le nom de vers vésiculaires (*cysticerques, échinocoques, cœnures*).

Mais cette larve ne deviendra tænia qu'au prix d'un nouveau voyage.

Elle s'est logée dans le corps d'un porc. L'homme mangeant la chair de ce porc avale en même temps la larve. Aussitôt arrivée dans le tube intestinal de ce nouvel hôte, celle-ci s'attache par ses suçoirs entre les villosités de la muqueuse de l'intestin grêle, et y implante ses crochets. Bientôt son extrémité postérieure se prolonge en une vésicule oblongue, et, au fur et à mesure que celle-ci s'allonge, on voit apparaître des rides transversales qui deviennent de plus en plus profondes. La larve se transforme en tænia. Les nouveaux anneaux refoulent les anciens ; ceux-ci se développent, se remplissent d'œufs, et le cycle que nous venons de décrire recommence.

C'est ce qui va être confirmé par une expérience qui causera peut-être quelque répugnance au lecteur.

Depuis longtemps, un anatomiste allemand, M. Kuchenmeister, inclinant à penser que le cysticerque du
tissu cellulaire se change en *tænia solium* dans le tube
digestif de l'homme qui lui donne involontairement
asile, brûlait de s'assurer du fait. Il attendit longtemps,
parce que, pour que l'expérience rêvée se réalisât, il
fallait que dans le, voisinage de l'expérimentateur une
tête humaine tombât frappée par la justice. Enfin cette
horrible condition s'est rencontrée, et le savant a pu
enrichir d'un fait nouveau cette extraordinaire histoire
de vers intestinaux.

« Un criminel venait, dit M. Kuchenmeister, d'être
condamné à quelques lieues de mon domicile, et,
grâce à des amis, il me fut possible de réaliser l'expérience que j'avais en tête depuis longtemps déjà. Le
résultat a été *des plus satisfaisants*, quoique la brièveté
du temps dont je pouvais disposer n'autorisât pas de
belles espérances. »

On conçoit que l'expérience consistait à faire avaler
au condamné, sans qu'il s'en doutât, les cysticerques
dont on voulait suivre la transformation. On lui en fit
prendre à toutes sauces. L'expérimentateur, n'ayant
pas d'abord de cysticerques du tissu cellulaire à sa disposition, dut se contenter de *cysticerques tenuicollis*
(on en trouva dans le mésentère du porc) et de *cysticerques pisiformis* du lapin. On les mêla à un potage
de pâte d'Italie, et le malheureux les prit cent trente
heures avant le jour de la décapitation.

« Plus tard, dit l'auteur à qui nous rendons volontiers

la parole, je parvins à me procurer des cysticerques cellulaires ; soixante-douze heures avant sa mort, le délinquant en mangea douze dans du boudin dont on avait sorti quelques fragments de lard, qui furent remplacés par des cysticerques. Il en prit encore dix-huit dans du riz, soixante-douze heures avant la mort ; quinze dans du potage au vermicelle, trente-six heures avant ; douze dans de la saucisse, vingt-quatre heures avant, et encore dix-huit dans la soupe douze heures plus tard. Il avala donc en tout soixante-quinze cysticerques cellulaires. »

Le jour de l'exécution, M. Kuchenmeister se rendit à l'Institut anatomique où le cadavre devait être transporté ; mais il ne put examiner les intestins que quarante-huit heures après la mort. L'autopsie fut faite en présence de plusieurs professeurs. « Quoique le peu de temps écoulé depuis l'arrivée de mes bêtes dans l'intestin ne me laissât pas beaucoup d'espoir d'un résultat favorable, je fus néanmoins plus heureux que je ne pensais. » Il aperçut, en effet, dans le duodénum un petit tænia fixé à la muqueuse au moyen de sa trompe allongée. Le microscope montra distinctement la trompe sortie, à laquelle étaient fixés quatre crochets également dirigés en avant. L'examen de ces crochets prouva qu'on avait bien un tænia solium sous les yeux. Trois autres tænia également armés de crochets furent ensuite trouvés dans le duodénum, et enfin on en trouva six autres, mais sans crochets, dans l'eau qui avait servi à laver l'intestin.

L'auteur conclut de cette expérience que le cysticerque du tissu cellulaire se métamorphose dans
l'homme en tænia solium. Il terminait son mémoire
par cette invitation et ces conseils :

« J'invite mes collègues en position de pouvoir ré-
péter cette expérience à ne pas laisser échapper ces
occasions. Il faudrait s'y prendre un peu plus tôt ;
administrer par exemple à un accusé dont la condam-
nation à mort paraît certaine, à différentes reprises
et à des distances de quatre semaines, des cysticerques
frais, chaque fois en petit nombre. On suivrait ainsi le
développement de ces entozoaires, et l'on pourrait constater si le *cysticerque pisiforme* et le *tenuicollis* se
développent dans l'homme, ce que je ne suis pas porté
à croire. L'essai serait tout à fait innocent, car, en cas
d'acquittement, nous possédons assez de moyens sûrs
pour chasser le tænia. »

Il faut dire maintenant que dans cet ingénieux chapitre d'histoire naturelle que forment les migrations
des intestinaux, MM. Pouchet et Verrier aîné ne voient
qu'un roman, auquel ils opposent une suite d'expériences dont voici les plus décisives :

On donne cent têtes de cœnures à un jeune chien pris
à la mamelle et soigneusement séquestré, et qu'on tue
vingt jours après ce repas. Or son intestin renferme
deux cent trente-sept tænias dont la taille varie de
4 millimètres à 60 centimètres.

« Résultat doublement renversant, disent les auteurs,
puisque nous trouvons cent trente-sept tænias de plus

que nous n'en avons ensemencé, et qu'ayant donné des
scolex de la même vésicule et du même développement,
nous trouvons, après vingt jours seulement, l'inexpli-
cable différence de taille de 4 millimètres à 60 centimètres.

Autre expérience.

On fait choix de deux jeunes moutons parfaitement
sains, et à chacun d'eux on donne dix anneaux de *tœnia
serrata*, contenant tous des œufs parfaitement mûrs et
dont on distingue l'embryon muni de ses crochets. Le
tournis eût dû se présenter du quinzième au vingtième
jour ; or il n'y en avait pas de trace au bout de quatre
mois ; à cette époque, la santé des sujets était parfaite :
on les tua, leur cerveau ne renfermait pas un seul
cœnure.

La migration des entozoaires est donc un sujet à
revoir et qui appelle une sévère critique.

J'ai réservé pour la fin l'histoire d'un entozoaire qui
a acquis, dans ces derniers temps, une célébrité malheureusement trop justifiée.

Le 12 janvier 1860, une jeune paysanne, une servante, présentant quelques-uns des symptômes de la
fièvre typhoïde, entrait à l'hôpital de Dresde. Elle
mourut quinze jours après. M. Zenker en fit l'autopsie.
Quel fut son étonnement quand, au lieu de rencontrer
les lésions propres à la fièvre typhoïde, il trouva des
milliers de trichines dans les muscles de la défunte !

Les trichines sont de tous petits vers nématoïdes de
1 à 2 millimètres, dont on a fait la découverte en 1835

en Angleterre dans les muscles de plusieurs cadavres. Ils y étaient enroulés sur eux-mêmes et renfermés cha- cun dans une petite poche ou kyste. A peine le fait fut-il signalé, qu'en Angleterre, en Allemagne, en Danemark, en France, en Amérique, les observations du même genre se multiplièrent. Trichines partout.

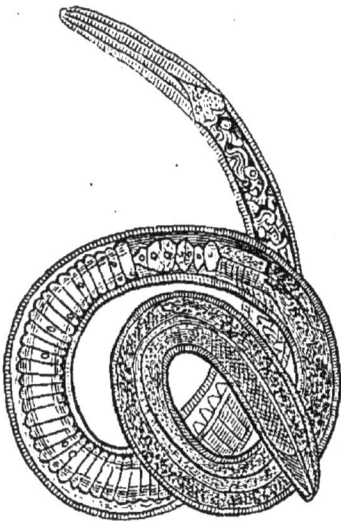

Trichine grossie.   Muscle trichiné.

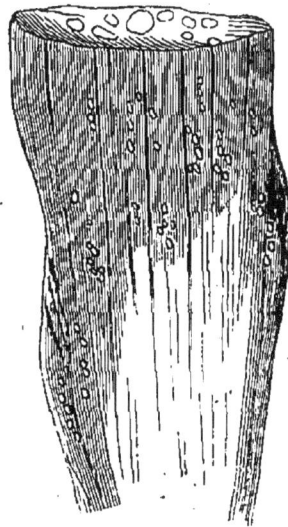

D'où venaient-elles, et comment pénétraient-elles dans les muscles ?

On expérimenta. Un savant de Goettingue, M. Herbst, fit manger à des chiens la chair d'un blaireau hanté par les trichines ; les chiens furent envahis. Plus tard, à Berlin, le célèbre anatomiste allemand M. Wischow, fit manger par un chien de l'homme trichiné ; trois jours après, il trouva dans l'intestin grêle du chien des vers semblables aux trichines musculaires, mais plus grands et contenant des ovules. On savait donc que les trichines sont transmissibles d'un animal à l'autre ; mais le mode de transmission restait caché. Tel était l'état des choses quand M. Zenker fit son observation.

Il trouva, ai-je dit, des milliers de vers dans les muscles de la morte ; vers dépourvus de sexe, comme tous ceux qu'on avait vus jusque-là, libres et non plus enkystés, ce qui prouvait que leur importation était récente. De plus, il rencontra dans l'intestin grêle un grand nombre d'helminthes adultes, les uns mâles, les

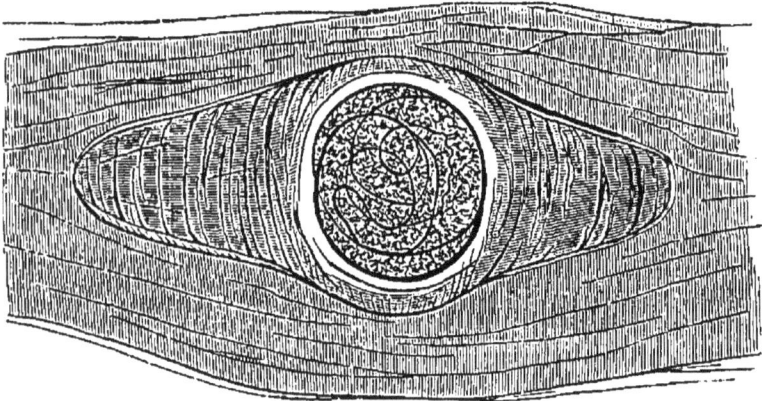

Trichine enkystée.

autres femelles, ces dernières remplies d'embryons vivants semblables aux trichines sans sexe, aux larves qui pullulaient dans les muscles. Celles-ci étaient donc arrivées dans leur lieu d'élection en perçant les parois de l'intestin.

Restait à savoir comment les trichines étaient arrivées dans l'intestin. Le médecin fit une enquête. Il apprit que le fermier chez qui la jeune fille avait été servante, avait, vingt-trois jours avant l'entrée de celle-ci à l'hopital, tué un cochon, et que tous ceux qui en avaient mangé avaient été malades. Il se fit remettre de la viande de ce porc; elle était remplie de trichines.

Dès ce moment l'histoire pathologique de la maladie trichinaire était fondée. Ingérées par l'animal qui se nourrit d'une chair infectée, les trichines musculaires, libres ou enkystées, restent dans l'intestin de cet animal. Ces trichines même enkystées ne sont pas mortes, mais comme endormies. Elles se réveillent dans l'intestin, s'y développent, s'y multiplient. Cette multiplication a encore lieu, si des trichines intestinales, des femelles pleines, expulsées par les voies naturelles, sont mangées avec les matières qui les contiennent, par des animaux peu délicats sur la nourriture, des porcs par exemple. Aussitôt nés, les jeunes pénètrent dans les muscles où ils finissent par s'enkyster. Dès ce moment ils deviennent inoffensifs; tous les ravages qu'ils causent se produisent dans la période qui précède l'enkystement.

M. Zenker partagea avec MM. Leuckart et Wirchow les muscles de la jeune servante; les animaux qui en mangèrent furent envahis. A partir de ce moment, les observations d'infection trichineuse se multiplièrent particulièrement en Allemagne, où l'on fait usage de viande de porc crue, car il n'y a qu'une cuisson prolongée qui puisse tuer les trichines. On compta par centaines, dont un grand nombre mortels, les cas d'une maladie inconnue quelque temps auparavant. M. Wir-

chow a écrit une brochure pour appeler l'attention sur
les mesures préventives à prendre contre cette maladie
contagieuse. Les gouvernements s'en préoccupent, et
c'est une des questions de médecine et d'hygiène à
l'ordre du jour.

LES ZOOPHYTES

Les zoophytes ou rayonnés, dernière division du règne animal dans la classification de Cuvier, comprennent un nombre immense d'animaux. Les *oursins*, les *étoiles* et les *anémones de mer*, les *polypes*, les *coraux* et les *madrépores*, pour ne citer que ce qui est connu de presque tout le monde, en font partie. C'est assez dire qu'on y trouve non-seulement des animaux d'une organisation très-inférieure, mais encore des animaux très-différents les uns des autres. Le nom de *zoophytes*, qui signifie animaux-plantes, vient de la ressemblance de quelques-uns, du corail, par exemple, avec les végétaux, ressemblance qui est telle, que pendant longtemps on a pris ceux qui l'offrent pour de véritables arbustes marins.

Malgré tout ce que nous avons vu en fait de métamorphoses, nulle part on n'en trouve d'aussi extraordinaires que dans l'embranchement qui nous occupe.

Les rayonnés se divisent en échinodermes et en polypes.

LES ECHINODERMES.

Les échinodermes comprennent les oursins, les étoiles
de mer et les holothurides.

Tous ont dans le premier
âge une forme excessive-
ment différente de celle de
l'adulte ; au point que certaines larves d'astéries (étoiles de mer), la *bipinnaire
porte-étoile,* par exemple,
ont été décrites comme
genres distincts.

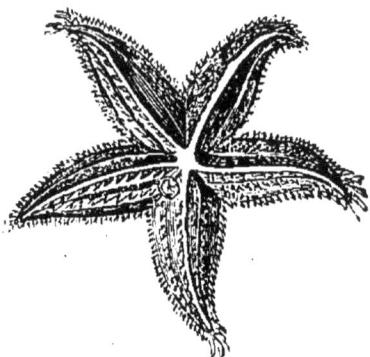

Astérie violette.

Ces formes sont le plus souvent très-bizarres.

D'abord des œufs, puis des larves, qui dans tels
oursins ont la forme d'un chevalet. Ces larves se
meuvent très-vivement,
à l'aide de cils ; les fonctions digestives sont fort
actives, si l'on en juge
par la dimension de
l'estomac. C'est sur ce-

Larve d'échinoderme.

lui-ci que commence à se montrer ce qui sera plus tard
un oursin : d'abord un disque qui, grandissant, finit
par envelopper l'organe qui le porte ; peu à peu la
structure radiée apparaît, les piquants se montrent ;
le disque se munit d'une bouche, et enfin la larve

devenue inutile est en partie absorbée, en partie abandonnée.

Même histoire à peu près pour plusieurs astéries ; mais chez quelques-unes, la larve nous offre des phéno- mènes sinon plus étranges, du moins bien plus remar- quables. Cette larve est d'abord en apparence un infu- soire ; plus tard elle se compose de deux moitiés droite

Oursins livides logés dans le roc.

et gauche exactement symétriques, comme chez les articulés et les vertébrés.

Dans le dernier groupe, celui des holothurides, la larve n'est point absorbée, mais transformée, et ses organes, appropriés aux besoins de l'adulte, entrent dans la composition de celui-ci. Parmi les holothurides est la *synapte*, à l'occasion de laquelle des doutes bien singuliers ont été élevés.

Cette synapte est un zoophyte, la *natice* est un mollusque ; ces deux animaux sont donc très-différents l'un de l'autre.

Cependant le célèbre physiologiste allemand J. Muller, a cru pouvoir déduire d'une observation qui sera rapportée tout à l'heure, que le zoophyte la synapte donne

Synapte de Duvernoy.

naissance au mollusque, à la natice, et il disait : « Ce fait servira à expliquer comment les espèces se sont formées aux époques géologiques, et comment il s'en forme aujourd'hui de nouvelles. »

M. Muller était à Trieste ; ayant disséqué un grand nombre de synaptes, il reconnut que certains sujets de l'espèce *digitata* (*synapta digitata*) différaient de tous les autres en un point essentiel.

Dans le corps de ces individus anormaux, il trouva des tubes en nombre variable (depuis un jusqu'à trois), longs de 24 à 36 lignes, contournés en forme de tire-bouchons, animés parfois de mouvements spontanés, et attachés par un bout au grand vaisseau sanguin de la synapte, et par l'autre à la tête de cet échinoderme. Ces tubes contenaient par milliers des œufs de mollusques gastéropodes, que M. Muller désigne sous le nom de limaçons, et des mollusques parfaitement développés, pourvus d'une coquille calcaire, d'un opercule et d'une cavité respiratoire; en un mot, de vrais gastéropodes paraissant appartenir au genre *natica*.

Il était évident que la formation et l'évolution complète des mollusques s'opèrent dans les tubes conchylifères de la synapte, d'autant qu'on y trouva placés à la suite les uns des autres des organes dont la présence démontre d'une façon irréfutable que ces tubes sont consacrés à la production des mollusques dont il s'agit.

Il est d'ailleurs des synaptes qui possèdent en même temps que les tubes conchylifères les organes de multiplication particuliers à leur genre; de sorte que ces animaux paraîtraient engendrer à la fois des échinodermes et des mollusques.

C'est, on l'a vu, ce qu'admit d'abord M. Muller, se fondant sur l'anatomie de soixante-neuf *synapta digitata*.

Mais on comprend que le professeur de Berlin n'ait pu s'en tenir longtemps à une idée qui jetterait un trouble si profond dans l'existence des zoologistes. Que

de remontrances on a dû lui faire! Y songez-vous?
Vous sapez les fondements de l'édifice zoologique! Vous
menacez notre propriété à nous, créateurs de tant d'espèces! Vous donnez le signal de bouleversements dont
nul ne peut prévoir le terme, et du premier rang qu'ils
occupent les *descripteurs* vont descendre au dernier.

M. Muller a donc dû se demander s'il n'y avait pas
moyen d'expliquer les choses moins révolutionnairement, et, sans abandonner sa première explication, il
en fait entrevoir une autre.

Dans cette nouvelle hypothèse, les tubes conchylifères
seraient des parasites. Dans ce cas, les mollusques d'où
ces tubes proviendraient seraient soumis à des métamorphoses bien curieuses, puisqu'il ne resterait d'eux
que ces tubes eux-mêmes. C'est à la suite de ce changement que les natices, d'abord libres, iraient vivre à
l'intérieur et aux dépens de la synapte.

La question reste donc à l'étude, mais, de quelque
manière qu'elle soit résolue, le fait sera un des plus
curieux de la zoologie.

LES POLYPES.

Ceux-ci se divisent en *acalèphes*, *zoanthères* et *coralliaires*.

Les *acalèphes* ou *orties de mer*, ainsi nommées parce
que plusieurs d'entre elles donnent une sensation de

·brûlure quand on les touche, comprennent les *sipho-nophores* et les *polypo-méduses*.

La *physalie pélagique* appartient au premier groupe.

C'est une espèce de poche de forme oblongue, à parois minces et transparentes, surmontée d'une crête

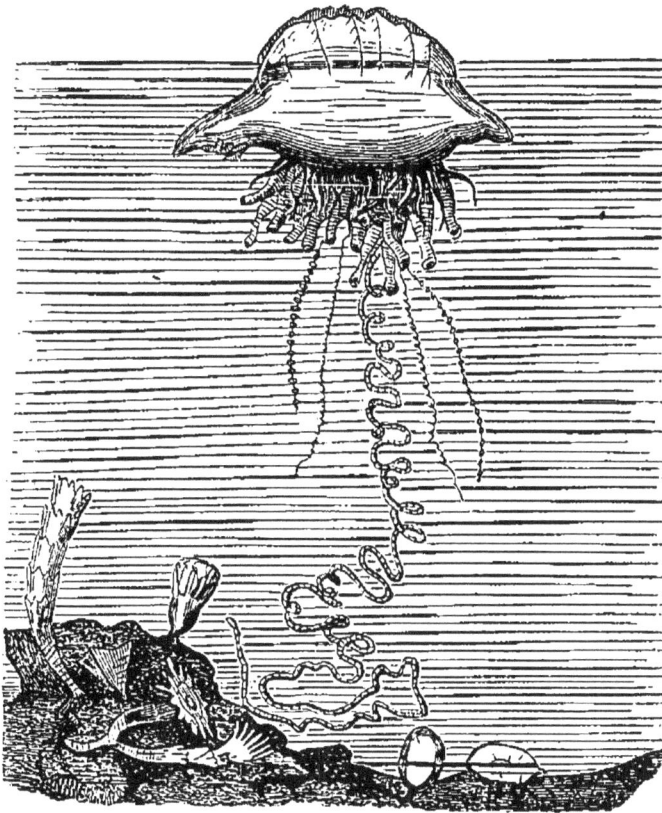

Physalie utricule.

longitudinale plissée et vivement nuancée de bleu et de pourpre. Cette crête, dressée comme la voile d'un na-vire quand l'animal navigue, lui a fait donner les noms de *frégate* et de *galère*. On la trouve sous les tropiques, en pleine mer, formant des flottes plus ou moins con-sidérables, « s'orientant, suivant la remarque de M. le lieutenant de vaisseau de Fréminville, de manière à aller toujours au plus près du vent, » c'est-à-dire contre le vent autant que possible, marchant par conséquent à la rencontre de la proie que le vent lui apporte, et qu'elle frappe et saisit de ses tentacules. Souvent on la trouve échouée sur le rivage, et si on marche dessus, elle claque à la manière d'une vessie de poisson ; c'en est fait d'elle alors, tandis qu'au contraire elle peut être desséchée à plusieurs reprises, et chaque fois reprendre vie au contact de l'eau.

Ces tentacules qui pendent sous la physalie sont de plusieurs sortes : les uns, longs de 2 à 3 centimètres, sont des tubes terminés par une ventouse ou suçoir, et autant de suçoirs autant de bouches ; d'autres, garnis de lamelles et de cils vibratiles, paraissent servir à la respiration, et peut-être aussi à la locomotion ; d'autres encore, qu'on ne trouve que chez les grandes physalies, s'en détachent à certaines époques et semblent avoir pour but la multiplication de l'espèce. Enfin, il y en a qui sont de véritables merveilles ; c'est à l'aide de ceux-ci que l'animal saisit sa proie. Ce sont des espèces de lanières lisses d'un côté, garnies de l'autre par des disques saillants colorés en bleu, et qui, contournés au repos en tire-bouchon, de quelques centimètres de long seulement, peuvent tout à coup se détendre au point d'acquérir une longueur de cinq à six mètres. Au fond des disques dont je viens de parler sont des glandes qui sécrètent un produit vénéneux, dont les effets sont terribles sur les animaux qu'atteignent ces lanières qu'on jugerait peu redoutables à voir leur fragilité.

« Étant dans un petit canot, — dit le R. P. Dutertre, qui visita les Antilles en 1640, — je voulus prendre une galère qui flottait ; mais je ne l'eus pas plutôt prise que ses fibres m'enGluèrent toute la main. A peine en eus-je senti la fraîcheur (car la galère est froide au toucher) qu'il me sembla avoir plongé mon bras jusqu'à l'épaule dans une chaudière d'eau bouillante, et les douleurs étaient si fortes, que, malgré tous mes efforts pour ne pas me plaindre de peur qu'on ne se moquât de moi, je ne pus m'empêcher de crier plusieurs fois et à pleine tête : « Miséricorde ! mon Dieu ! Je brûle, je brûle ! »

« Un jour, dit le médecin voyageur Leblond, je m'embarquai avec quelques amis dans une grande anse... Je m'amusais à plonger, à la manière des Caraïbes, dans la lame prête à se déployer... Cette prouesse faillit me coûter la vie. Une galère, dont plusieurs s'étaient échouées sur le sable, se fixa sur mon épaule gauche au moment où la lame me reportait à terre. Je la détachai promptement ; mais plusieurs de ses filaments me restèrent collés jusqu'au bras. Bientôt je sentis une douleur si vive, que, prêt à m'évanouir, je saisis un flacon d'huile qui était sous ma main, et j'en avalai la moitié pendant qu'on me frottait l'épaule. La douleur ne s'en étendit pas moins jusqu'au cœur ; j'eus un évanouissement. Revenu à moi, je me sentis assez bien pour retourner à la maison, où deux heures de repos me rétablirent. »

Voici une observation qui n'est pas moins curieuse.

« A l'aide d'un bâton, dit le R. P. Feuillée, j'avais mis une physalie dans mon mouchoir. Le lendemain, ne songeant plus à l'usage que j'avais fait de ce dernier, je m'en servis pour m'essuyer les mains que je venais de laver ; je sentis au moment même un feu violent et qui augmenta jusqu'à me causer des convulsions par tout le corps. »

Heureusement les accidents produits par la physalie durent peu, surtout si on a tout de suite recours à un remède toujours à portée de la main en pareil cas, c'est-à-dire si on lave avec de l'eau de mer la partie touchée.

La physalie ne jouit d'ailleurs de ses propriétés toxiques que lorsqu'elle est mouillée. Il est inutile, après ce qui précède, d'ajouter qu'elle s'en sert pour engourdir et même pour tuer les animaux dont elle se nourrit.

Aucun siphonophore, la pélagie pas plus que les autres, n'est un animal simple ; chacun d'eux constitue une véritable colonie. Les différentes parties dont l'ensemble se compose, sont autant d'individus dont chacun a sa fonction particulière utile à l'ensemble. Les uns, faisant office de flotteurs, portent le tout ; d'autres sont chargés de nourrir la communauté ; d'autres sont préposés à la défense générale ; d'autres sont chargés de la reproduction de l'espèce. Ceux-ci produisent des œufs. De chaque œuf sort une nouvelle colonie. D'abord apparaît seul l'animal vésiculeux qui sert de flotteur ; puis par voie de bourgeonnement se développent à l'arrière de celui-ci les individus-organes qui viennent d'être énumérés.

Au second groupe d'acalèphes, à celui des polypo-

Rhizostome de Cuvier.

méduses, dont le *rhizostome de Cuvier* fournit un exemple, appartient également l'*aurélie* ou *medusa aurita*.

La *medusa aurita* (fig. *l*) a des ovaires, et elle se propage par des œufs qui restent pendant quelque temps fixés entre ses tentacules.

Or, que sort-il de ces œufs? Des méduses? Non; pas même des acalèphes: la petite méduse n'est pas de la même classe que sa mère. C'est une larve ciliée, semblable à un infusoire des plus simples (*a*); si on ignorait d'où elle vient, on la prendrait pour un infusoire.

Au bout de quelque temps, de libre qu'elle était, cette larve se fixe à un corps quelconque (*b*); elle va se transformer en méduse? Non. En animal de la classe

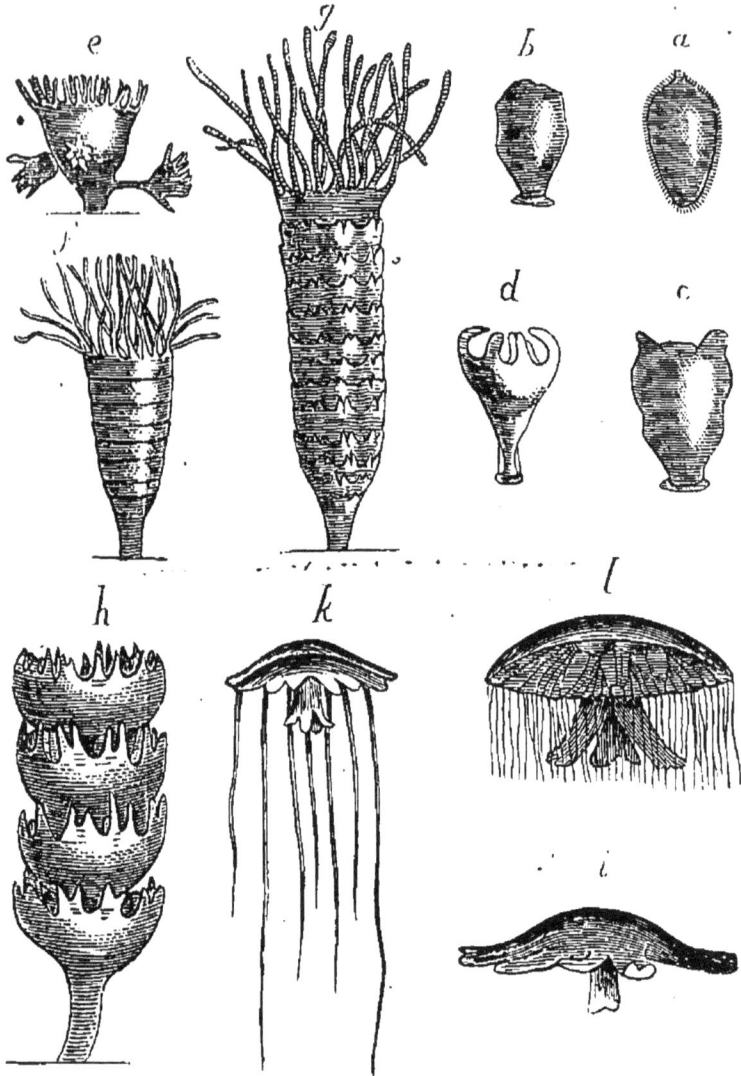

Métamorphoses de la medusa aurita.

des méduses, au moins? Non, pas encore; la larve de la méduse va passer d'une classe dans une autre, mais elle n'entre pas encore dans celle des acalèphes. Du reste, les transformations qu'éprouvent ces larves à partir du moment où elles se sont fixées, ne sont pas les mêmes pour toutes les espèces ; il est plus d'une voie par où la progéniture d'une méduse peut s'élever au rang maternel ; il y en a deux, et de plus, l'une de ces voies se bifurque. Voyons d'abord la larve qui prend le chemin direct.

Bientôt une bouche s'ouvre à l'extrémité libre, elle s'entoure d'abord d'un bourrelet (*b* et *c*), ensuite d'une couronne de tentacules (*d*), et nous avons maintenant un animal qui, par toute son organisation, est un véritable polype hydraire, « assez semblable, dit M. de Quatrefages, à nos hydres d'eau douce. »

Ce polype grandit, et au bout d'un temps variable on voit sur tout son corps, de la base jusqu'en haut, se produire des divisions transversales annulaires (*f*) qui donnent au tout l'aspect de disques empilés les uns sur les autres. Plus tard, au pourtour de chacun de ces disques et à leur face supérieure, poussent des tentacules (*g*), et en même temps les disques s'écartent les uns des autres (*h*). Bientôt ils ne sont plus réunis ensemble que par un axe commun (*h*), et l'animal unitaire que nous avions tout à l'heure s'est changé en communauté. Enfin l'axe se rompt, chaque disque devenu indépendant se met à nager (*i*), et le polypier vient de se reproduire par scission.

Mais ces segments, devenus libres, ne reproduisent pas le polype (disons en passant qu'ignorant leur origine, on les avait décrits, comme espèce à part, sous le nom de *strobila*) (*i*); ils vont de métamorphose en métamorphose revêtir les caractères de la prétendue *cyanea capillata* (*k*) (état transitoire d'une espèce pris encore pour la forme d'une espèce distincte); et enfin, arrivés au terme de leur développement, ils reproduiront exactement les caractères de la *medusa aurita* (*l*), et se propageront comme elle par des œufs.

Revenons maintenant sur nos pas, et donnons notre attention à cette autre larve, qui, après avoir été, comme la précédente, un animal libre (*a*), un infusoire cilié, s'est également fixée, et est devenue un polype hydraire (*b*, *c*, *d*).

Cette larve a le mode de reproduction du polype ; on voit des gemmes ou bourgeons apparaître sur son corps, se développer (*e*), et en faire un *polypier rameux*. Mais tous ces bourgeons n'ont pas la même destinée, et c'est ici qu'a lieu la bifurcation dont nous avons parlé plus haut.

En effet, de ces bourgeons quelques-uns prennent une forme bien différente de celle du polype, et aussi une structure plus compliquée ; bientôt ils reproduisent tous les caractères de la méduse, s'isolent de plus en plus, acquièrent des organes reproducteurs, et alors se détachent et vont semer au loin les germes de nouvelles colonies.

La plupart des bourgeons, au contraire, ne deviennent jamais des méduses ; ils restent polypes, et continuent de vivre à la façon de tous les animaux de cet ordre.

De sorte que des deux branches entre lesquelles se

14*

divise la route ouverte devant la larve que nous consi-
dérons en ce moment, l'une est un cul-de-sac, elle n'a-
boutit pas, le germe qui la suit avorte.

Telle est l'histoire assez compliquée, et plus admirable
encore, de la reproduction de la méduse.

Cuvier plaçait les acalèphes dans une classe, les polypes dans une autre ; l'étude des métamorphoses a
fait cesser cette distinction. On a comparé les polypes à
des plantes ; continuant la comparaison, nous dirons
que les méduses sont les fleurs de ces végétaux animés
(de certains d'entre eux du moins, car tous les polypes
n'engendrent pas des méduses), fleurs qui, détachées de
la tige, vont porter au loin la semence de nouvelles
colonies. C'est ce qu'on voit très-bien sur les *sertula-
riens*, polypes à polypiers plus ou moins régulièrement
ramifiés qui vivent dans la mer. A certaines époques
ils laissent échapper de petits animaux qui se mettent
à nager. Le phénomène fut observé, il y a une trentaine d'années, par MM. Nordman et Milne-Edwards ;
beaucoup plus récemment, M. Coste recevait de Bel-
gique, et présentait à l'Académie un rameau vivant
d'un de ces polypiers, d'où se détachaient des milliers
d'embryons qu'on voyait nager par bancs dans l'eau
de mer où le rameau était plongé. Un peu auparavant, le Muséum d'histoire naturelle avait reçu de
Dunkerque, par les soins de M. Lacaze-Duthiers, un
échantillon également vivant d'un polypier analogue
au précédent, qui produisit à Paris une multitude de
larves.

Or ces larves ont la forme et l'organisation des méduses : ce sont de véritables méduses. Après qu'elles eurent nagé pendant quelque temps, on les vit tomber au fond du vase, disparaître. A leur place on trouva de petits vers ciliés, libres, qui, s'approchant des parois de l'aquarium, s'y fixèrent et prirent la forme d'un disque aplati ; puis ce disque, soulevé à son centre, s'éleva peu à peu sous la forme d'une tige qui se ramifia et se couvrit d'expansions cupuliformes tentaculées. Le polypier était constitué.

Les hydres vertes ou polypes d'eau douce, que nous avons figurées dans l'introduction, se rapprochent du groupe des acalèphes; elles ne sont pas moins bien armées que les physalies, et on en peut juger

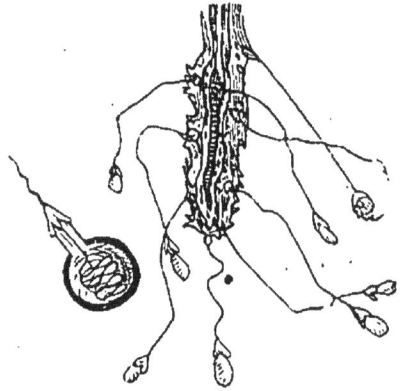

Extrémité de l'un des bras de l'hydre et l'une de ses capsules urticantes.

par la composition de leurs bras urticants, que nous représentons. Mais elles ne subissent pas de métamorphoses.

Nous citons pour mémoire la seconde classe des polypes, celle des *zoanthaires*, qui comprend entre autres les *actinies* ou *anémones de*

Actinie plumeuse.

mer, et nous passons aux *corallaires*, qui vont nous offrir encore des métamorphoses remarquables.

Une branche de corail est une véritable colonie de

Corail rouge.

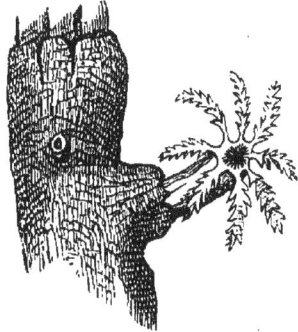

Polype du corail rouge.

polypes solidaires les uns des autres, mais jouissant cependant d'une activité propre.

M. Lacaze-Duthiers, chargé par le gouvernement français de faire des recherches sur l'histoire naturelle de ce zoophyte en vue d'en réglementer la pêche, et qui, pour se livrer à cette étude, a passé près d'une année sur les côtes d'Afrique, nous apprend que, des membres de cette association, les uns sont mâles; les autres femelles, et que quelques-uns ont les deux sexes.

Ordinairement les individus d'un sexe l'emportent en nombre, dans une même branche, sur ceux d'un autre sexe ; ainsi, tel rameau renferme presque exclusivement des polypes mâles, tel autre des polypes femelles. Les courants de la mer remplissent donc, dans la fécondation de ces animaux, le même office que les vents à l'égard des plantes dioïques : l'air porte aux fleurs femelles le pollen des étamines, l'eau agit ici d'une manière analogue.

L'incubation de l'œuf s'opère dans la cavité même où s'accomplit la digestion. Ainsi deux matières peuvent, à côté l'une de l'autre, celle-ci se dissoudre, celle-là s'accroître, se développer et produire un nouvel être. Et ce fait paraît général dans toute la classe des corallaires.

Que devient l'œuf après la ponte? Primitivement nu et sphérique, cet œuf s'allonge, se couvre de cils vibratiles, se creuse d'une cavité qui s'ouvre au dehors par un pore destiné à devenir la bouche, et enfin prend la forme d'un petit ver blanc.

« Rien n'est curieux, dit M. Lacaze-Duthiers, comme ces jeunes animaux, dont l'agilité est encore assez grande, qui nagent en s'évitant quand ils se rencontrent, qui montent et descendent dans les vases où on les recueille, en avançant toujours l'extrémité opposée à la bouche la première... Je me plaisais à les montrer aux pêcheurs, naturellement incrédules, et qui s'en allaient tous convaincus et souvent fort étonnés. »

Chacun de ces petits vers blancs devient l'origine d'une branche de corail fixée au sol à la manière d'une plante. Comment ce changement s'opère-t-il? C'est encore M. Lacaze-Duthiers qui va nous le dire.

On vient de voir que les embryons nagent la bouche en arrière, poussant devant eux l'extrémité la plus grosse de leur petit corps. Rencontrent-ils un obstacle,

ils buttent nécessairement contre lui, et plus ils font
effort contre cet obstacle, plus ils tendent à s'accoler
à lui.

Usant en aveugles de leur liberté, il n'est pas surpre-
nant que l'usage qu'ils en font ait pour résultat de la
leur faire perdre; sous ce rapport, que d'hommes sont
coraux! Mais pour les coraux, du moins, ce mode d'o-
pérer a été déterminé par plus savant qu'eux.

Leur propension au mouvement est précisément, en
effet, le moyen employé pour leur faire perdre tout
mouvement. Aussi, quand le moment de cette transformation est venu, leur aptitude à se heurter semble-
t-elle s'accroître. C'est quand ils vont abandonner leur
forme de ver. Alors ils se raccourcissent et s'étalent,
gagnant en largeur ce qu'ils perdent en hauteur; ils.
forment une sorte de disque au milieu duquel s'est
enfoncée leur extrémité buccale, qui s'entoure d'un
bourrelet circulaire d'où naissent les rudiments de huit
tentacules qui se développeront plus tard. C'est à ce
moment que leur rage de pousser porte ses fruits; ils
se fixent enfin pour donner bientôt naissance à toute
une colonie formée plus ou moins loin de la mère
patrie.

Mais comment de ce ver, maintenant fixé, une
branche de corail peut-elle naître? On devine qu'il y a
chez ces êtres un mode de reproduction autre que celui
par lequel l'embryon dont nous nous occupons a pris
naissance.

Les animaux des polypiers ont, en effet, la propriété

de reproduire par voie de bourgeonnement des êtres en tout semblables à eux, absolument comme un végétal produit des branches et des feuilles, et ces nouveaux individus restent le plus souvent soudés à leurs parents. Les immenses polypiers, qui dans les mers chaudes forment des récifs redoutés des navigateurs, sont dus à ce mode de multiplication.

On doit donc s'attendre à le rencontrer dans le corail, et l'accroissement de celui-ci est, en effet, la conséquence du bourgeonnement.

Mais, avant d'aller plus loin, il convient de dire que le corail vivant est formé de deux parties distinctes : l'une centrale, solide, résistante, c'est l'*axe* ; l'autre extérieure, molle, rappelant tout à fait une écorce, c'est la *couche polypifère*. Celle-ci doit sa couleur à une multitude de corpuscules calcaires d'une forme particulière et caractéristique, semés dans toute l'étendue de ses tissus.

Quand le jeune corail a perdu sa forme de ver et pris celle d'un disque lenticulaire, il ne tarde pas à passer du blanc au rose, puis au rouge vif ; ce qui tient au développement des corpuscules dont il vient d'être question. Il n'a pas encore d'axe, et sa partie solide est représentée seulement par des corpuscules.

Rien ne saurait rendre l'élégance et la délicatesse de ce petit être (un quart ou un demi-millimètre de diamètre) lorsqu'il étale sa couronne de tentacules blancs, dont les fines découpures se détachent sur un mamelon rose ressemblant quelquefois à une petite urne.

Qu'on se lé représente maintenant en pleine activité de bourgeonnement : sur ses côtes apparaissent un,

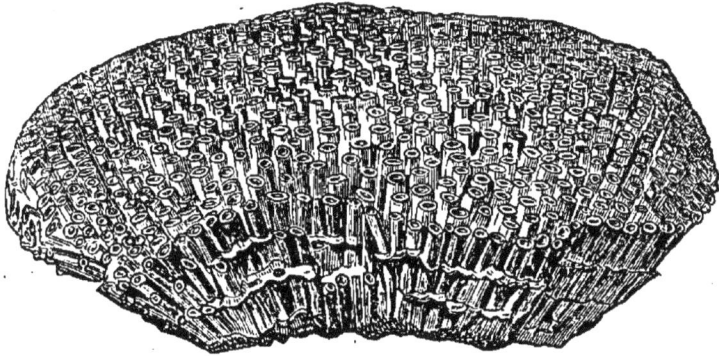

Tubipore musique.

deux, trois, quatre bourgeons parcourant les mêmes phases que l'animal sur lequel ils naissent, et, par le

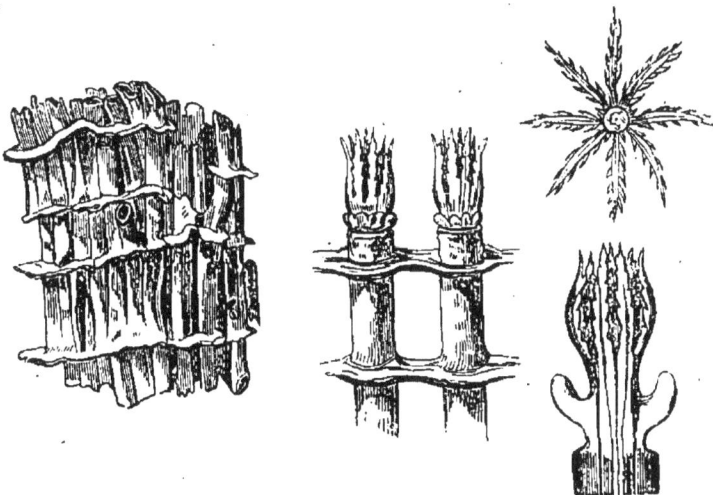

Détails du tubipore musique.

fait même de leur développement, ils éloignent celui-ci de sa base et l'en éloignent de toute l'étendue qu'ils occupent.

C'est ainsi que les choses se passent. Chaque polype devient à son tour un centre de bourgeonnement ; le nombre des habitants augmente, les limites du polypier s'étendent. Si l'activité du bourgeonnement est plus grande dans telle ou telle partie, l'allongement sera plus considérable de ce côté, et c'est à ces inégalités d'accroissement que les rameaux et les branches doivent naissance.

A la même classe que le corail, mais à un groupe différent, appartient cette curieuse production le *tubipore musique,* nommé vulgairement *orgue de mer* à cause des tubes dont il est formé. Ces tubes sont l'œuvre des animaux qui les habitent. Outre l'ensemble du polypier, la figure ci-jointe nous montre le mode d'attache des tubes soudés entre eux par des lamelles transversales, les rapports du polype avec le polypier, et enfin le polype lui-même.

LES PROTOZOAIRES.

Cet embranchement renferme, comme on l'a dit, les animaux les plus simples. Aucune trace de système nerveux. Quelques-uns n'ont pas même d'appareils digestifs. Il en est qui semblent uniquement formés de cellules homogènes associées les unes aux autres. Bien plus, certains d'entre eux sont formés d'une substance, — le *sarcode,* — dépourvue de toute structure utriculaire ;

leur corps glaireux peut s'épancher et s'étirer dans tous
les sens, et c'est en créant au fur et à mesure des besoins
ces expansions momentanées qu'ils progressent. L'*a-
mibe,* par exemple, en se déplaçant et pour se déplacer,

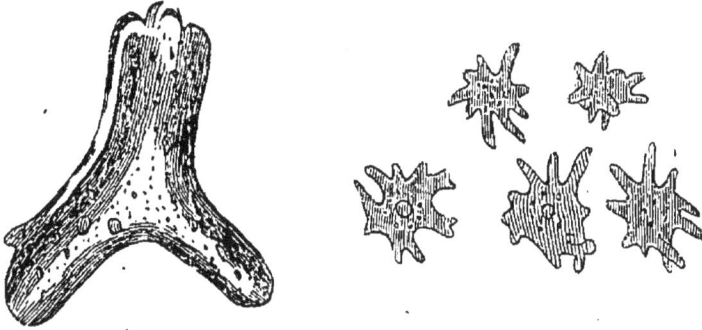

L'amibe et quelques-unes des formes qu'elle prend successivement.

a pris successivement sous les yeux de l'observateur les
formes que montre ce dessin. Les *foraminifères,*
malgré leur coquille, ne paraissent pas avoir une orga-

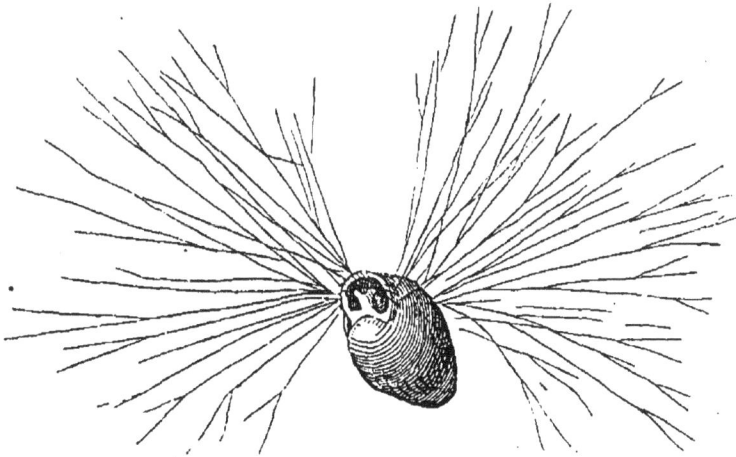

Moliole vulgaire très-grossie.

nisation plus élevée, et l'un d'eux, la *moliole,* chemine
en contractant certaines parties de son corps préala-
blement étirées en fils de forme variable. De là le nom

de *rhizopodes* ou *pieds-racines,* qu'on donne aussi aux foraminifères.

Les animalcules qui forment les *éponges*, quoique fort élémentaires , sont moins simples, mais leur organisation a été encore trop peu étudiée. En échange, rien n'est plus connu que les constructions qu'ils élèvent. Elles sont souvent remarquables par leur régularité. L'une des plus élégantes est le *gant de*

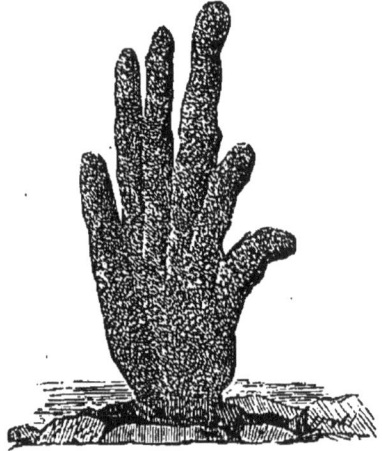

Gant de Neptune.

Neptune. On sait que la recherche de ces utiles polypiers donne lieu à une pêche très-importante, mais très-pénible, qui est faite par des plongeurs.

La multiplication de l'éponge s'opère de deux manières, et entre autres au moyen de germes ciliés et mobiles, très-semblables à des infusoires. C'est ainsi que commencent, nous l'avons vu, tous les animaux fixés. Ces germes sont rejetés au dehors par les courants qui

Fragment et larves d'éponge.

traversent le polypier. Ils se fixent après deux ou trois jours de liberté.

Arrivons aux animalcules microscopiques dits *in-fusoires*.

Prodigieusement variés sont ces êtres invisibles, intangibles, qui pullulent autour de nous et jusqu'en nous-mêmes; qui, comme l'a dit Lamarck, remplissent sur le globe un rôle auprès duquel celui des géants du règne animal n'a aucune importance : constructeurs d'une partie du sol que nos pieds foulent, édificateurs de montagnes, fabricateurs de la plupart de nos matériaux de construction, et dont, jusqu'à Leuwenhœck et Hartsæker, l'homme, qu'ils assiégent de toutes parts, n'a pas soupçonné l'existence.

Ces invisibles ont leurs nains et leurs colosses. Entre la *monade crépusculaire* et le *kolpode à capuchon*, il y a la même différence de taille qu'entre un insecte et un éléphant. Ils ont, certains d'entre eux du moins, une organisation très-compliquée, plus compliquée à certains égards que celle d'animaux dits supérieurs. Et combien de détails l'insuffisance de nos admirables instruments nous empêche d'apercevoir ! Il y en a qui ont quinze, vingt et jusqu'à cent estomacs, des dents, un cœur, et un cœur qui, dans plusieurs espèces, est cinquante fois plus volumineux que celui d'un bœuf; quelques-uns sont protégés par une carapace, calcaire ici, là siliceuse.

On en trouve partout : au fond des mers, dans l'air, dans le sol, dans les eaux limoneuses des fleuves et des étangs, dans toutes les cavités des animaux, et jusque dans les organes entièrement clos, dans l'arbre vascu-

Pêche de l'éponge.

laire, mêlés aux globules du sang. Et ils sont dans une agitation perpétuelle ; à quelque heure du jour ou de la nuit que vous les observiez, vous les voyez toujours en mouvement ; le sommeil leur est inconnu, jamais ils ne se reposent. Leur résistance vitale dépasse tout ce qu'on peut imaginer. James Ross, dans son voyage au pôle austral, en a trouvé une cinquantaine d'espèces à carapace siliceuse, sur des glaces flottantes, par 78 degrés de latitude. Le même navigateur ayant jeté la sonde dans le golfe de l'Érèbe, la sonde rapporta d'une profondeur de 500 mètres 78 espèces d'animalcules. Bien plus, on en a trouvé à près de 4,000 mètres au-dessous de la surface de la mer. Ces derniers supportaient une pression de trois à quatre cents atmosphères.

Des animalcules ramassés dans les parages de la terre Victoria ont été transportés à Berlin, et y sont arrivés pleins de vie. Voici quelque chose de plus fort. M. Pouchet, après avoir soumis des rotifères à un froid de 40 degrés au-dessous de zéro, les a brusquement jetés dans une étuve chauffée à 80 degrés. Au sortir de celle-ci, on voyait les rotifères insouciants de cet effroyable changement de température (120 degrés), et bientôt ranimés, se livrer à leurs mouvements si caractéristiques.

Ces invisibles sont partout, ai-je dit. Et d'abord dans l'homme, dans son intestin, où l'on trouve des vibrions en quantité innombrable, et jusque dans sa bouche, non moins peuplée ; le tartre qui se dépose sur les dents est rempli de carapaces calcaires d'animalcules. Ils foisonnent dans l'Océan, on vient de le voir ; ce sont eux qui, pour une part, rendent la mer lumineuse et lui donnent la couleur du sang. On les trouve souvent dans l'air, transportés par les vents à des distances considérables. Dans une fine poussière tombée sur un navire à 380 milles de la côte d'Afrique, Ehrenberg a reconnu dix-huit espèces à carapace siliceuse. C'est par eux aussi que la neige et la pluie sont parfois colorées en rouge. Ils forment sous le sol, en des contrées humides, des terrains vivants dont les dimensions en surface et en profondeur confondent l'imagination. Cette espèce, dont le diamètre n'égale pas la quinze-centième partie d'un millimètre, forme des amas de plusieurs mètres d'épaisseur ; on en connaît de 6 à 7 mètres dans l'Amérique du Nord ; Berlin est bâti sur un banc épais de vingt mètres d'animalcules, dont il faut 1111 millions 500 mille pour faire un gramme !

Certaines couches stratifiées, des plus anciennes parmi celles qui sont postérieures aux terrains primitifs, ne sont autre chose que des nécropoles d'animaux microscopiques. Des montagnes de craie en sont faites à raison d'un million de squelettes par cube de trois centimètres de côté. Ils ont formé même des silex. M. White en a trouvé douze espèces différentes dans les rognons siliceux de la craie. M. Marcel de Serres en a trouvé dans les cornalines, et c'est encore à eux, d'après cet observateur, que le sel gemme doit sa coloration en rouge. C'est au moyen de squelettes siliceux d'infu-

soires appartenant à la famille des bacillariées, que
dans nos provinces le badigeonneur peint en rose les
façades des maisons, et que la ménagère donne le brillant à ses ustensiles de cuisine, le tripoli, dont l'un et
l'autre se servent, étant presque entièrement composé
des animalcules susdits : cela est une découverte
d'Ehrenberg, et les animalcules du tripoli sont si bien
conservés, que ce grand naturaliste a pu constater leur
analogie avec les espèces vivantes. Le tripoli de Bilin,
en Bohême, qui, sur une épaisseur variant de 66 centimètres à 5 mètres, couvre une étendue de huit à dix
lieues carrées, contient par pouce cube, d'après Schlei-
der, quarante et un mille millions d'animalcules.

Ce sont encore des infusoires d'eau douce et des
coquilles microscopiques qui donnent des qualités nutritives à ces argiles alimentaires que mangent les sauvages de l'Orénoque et de l'Amazone, les nègres de la
Caroline et de la Floride, et que l'on rencontre jusque
sur les marchés de la Bolivie. On dit que les Ottomaques
consomment jusqu'à 750 grammes par jour de cette
nourriture fossile, et ils en font usage même alors que
des aliments plus substantiels ne leur manquent pas.
Enfin Retzius a constaté la présence de dix-neuf espèces
d'infusoires dans cette poussière blanche, véritable
farine minérale, qu'en temps de disette les Lapons, qui
n'ont que la peine de la ramasser, substituent à la
farine des céréales absentes. Ces infusoires sont analogues à ceux qui vivent aujourd'hui dans les environs
de Berlin, et c'est à la substance animale qu'ils retien-

nent après tant de siècles écoulés que la farine qu'ils
forment doit ses propriétés nutritives.

Nous savions déjà depuis longtemps , grâce à
M. Ehrenberg, que certains fers limoneux ne sont autre
chose que des amas de carapaces d'animalcules fossiles
(*gailloneila ferruginea*) : or, ce que ces animalcules
faisaient dans les temps géologiques, d'autres le font
aujourd'hui ; un minerai de fer très-estimé, et qui se
trouve en Suisse, le minerai de lac (*lake-ore*), est
l'œuvre de ces infusoires. M. Sjogreen , naturaliste
scandinave, s'est plu à suivre dans toutes ses phases
le travail de ces petites bêtes, qui, pour mourir en paix,
s'entourent d'une enveloppe métallique. Ainsi enveloppé, l'infusoire a les dimensions d'un œuf de grenouille. L'espèce s'accumule dans certains cours d'eau
de la Suède, au point de former des gisements de 200
mètres de long sur 5 à 6 mètres de large, et une épaisseur de huit à dix pouces. Ce minerai se pêche, et un
homme peut en ramasser jusqu'à une demi-tonne par
jour. Les Suédois et les Prussiens l'ont en grande estime.
Il renferme de vingt à soixante pour cent d'oxyde de
fer.

Les métamorphoses des infusoires , probablement
très-complexes, sont encore peu connues. Il résulte
des observations de MM. Pineau, Stein et Gros, confir-
mées par les observations plus récentes de M. Bal-
biani, que les *acinètes* sont les larves de la *paramécie*.
C'est sous la forme d'acinètes que les embryons quittent le corps de leur mère. Ils sont alors garnis de

tentacules boutonnés, véritables suçoirs au moyen desquels ils restent encore quelque temps attachés à leur mère, de la substance de laquelle ils se nourrissent. Devenus libres, ils perdent leurs suçoirs, s'entourent de cils vibratiles, acquièrent une bouche qui commence à se montrer sous la forme d'un sillon longitudinal, et revêtent définitivement la forme de paramécie.

CONCLUSION.

Rappelons-nous ce qui a été dit dans l'introduction, que, malgré le titre de cet ouvrage, tous les animaux subissent des métamorphoses; la seule différence entre eux, sous ce rapport, consistant en ce que les uns parcourent dans l'œuf la série complète de ces changements, tandis que les autres l'achèvent dans le monde extérieur. Mais, pour s'opérer dans des conditions différentes et pour changer de nom, ces métamorphoses ne changent pas de nature.

En voulez-vous encore d'autres preuves? Je vous citerai une famille de poissons, celle des *pleuronectes*. Ils sont exempts de métamorphoses proprement dites; voyez cependant quels changements s'opèrent en eux dans le cours de leur développement.

Soles, turbots, etc., sont les petits noms des pleuronectes. Ces poissons se distinguent de tous les animaux
vertébrés en ce qu'ils ne sont pas symétriques; leurs
yeux et leurs orbites, au lieu d'être l'un à droite,
l'autre à gauche, comme chez tous les gens bien faits,
sont sur la même moitié de la face; la bouche n'est
jamais régulière : elle manque en partie de dents; le
cerveau est rejeté du côté opposé à celui que les yeux
occupent, de sorte que les masses olfactives et les
masses optiques sont atrophiées du côté où a lieu la
déviation. Enfin les nageoires pectorales ne sont
égales entre-elles que dans des cas assez rares; le
monochire n'en a souvent qu'une, et l'*achire* n'en a
pas du tout.

Les pleuronectes se tiennent constamment sur le
flanc; le côté où sont les yeux regarde le ciel, il est
fortement coloré; l'autre est tourné vers le sol, et reste
tout à fait blanc. Enfin ces délicieux poissons sont des
monstres.

Mais prenez un turbot, par exemple, peu de temps
après sa sortie de l'œuf, alors que la transparence des
tissus permet d'étudier l'intérieur du corps sans recourir au scalpel.

A ce moment, il n'y a dans le turbot rien de mons-
trueux; la tête n'est pas tordue sur la colonne, les deux
yeux sont chacun à leur place, la bouche est parfaitement symétrique, les os maxillaires et intermaxillaires
sont conformés de la même manière à droite et à gauche;
ni le cerveau, ni les membres ne présentent rien de

particulier. En définitive, ces poissons sont parfaitement symétriques au début de leur existence.

Autre exemple :

Les chauves-souris, chez lesquelles les membres antérieurs, les doigts en particulier, ont une longueur si considérable, les chauves-souris ont, à un certain moment de leur vie fœtale, les quatre membres de la même longueur ; ces membres ont également la même forme. Les bras ne sont pas liés aux jambes par une membrane ; la queue est libre. Enfin, on ne saurait dire si on a un quadrumane ou une chauve-souris sous les yeux.

Encore un fait, et celui-ci va nous amener à conclure ; ce sont les scorpions qui nous le fournissent.

L'étude comparative des scorpionides adultes et des scorpionides à l'état d'embryon a conduit M. Blanchard à cette conséquence, que les différences les plus remarquables qui existent entre les divers représentants de cette famille sont dues principalement à un état de développement plus ou moins avancé.

Je choisirai comme exemple un système d'organes. Si on étudie les scorpions adultes, on voit que chez les *androctonus* le système nerveux est plus centralisé que dans les autres genres ; les deux cordons de la chaîne ganglionnaire sont entièrement confondus dans toute leur longueur.

Chez le *ponthus*, les deux cordons nerveux sont séparés en arrière.

Dans le *scorpio europæus*, type du genre *scorpius*,

15*

la séparation des cordons nerveux est plus grande
encore.

Dans les *ichnurus*, les deux cordons de la chaîne ganglionnaire demeurent séparés dans toute leur longueur.

Or, si l'on étudie les embryons de ces mêmes animaux, on voit que chacun de ces genres, avant de revêtir ses caractères propres, reproduit ceux des genres
qui lui sont inférieurs.

Prend-on un embryon d'*androctonus*, par exemple,
il y a une époque où il reproduit les formes des *ischnu-
rus*; plus tard, mais encore avant la naissance, il a pro-
gressé, et s'est élevé au rang de *scorpio europæus*, etc.

Ainsi, non-seulement le scorpion subit dans l'œuf des
changements considérables, mais encore ces changements ont pour résultat de lui faire prendre successivement la forme d'animaux spécifiquement différents
de lui.

C'est exactement ce que nous avons vu se produire
chez tous les animaux à métamorphoses.

C'est, dans un cercle plus restreint, ce que nous avons
vu se produire chez les animaux mêmes où les métamorphoses sont les plus considérables.

La *medusa aurita* passe dans le cours de son développement d'un ordre à un autre ordre ; le scorpionide
le plus élevé ne sort pas (du moins à partir du moment
où M. Blanchard l'a étudié), il ne sort pas, dis-je, des
limites de sa famille ; mais il en parcourt tous les degrés.
Le fait en principe est donc le même. Le fait général
est que, durant sa période embryonnaire, tout animal

révèle des rapports avec des formes organiques plus ou moins différentes de celles qu'il revêt à l'état adulte, et l'ensemble des phénomènes du développement nous conduit à nous demander :

S'il n'existerait pas des rapports de parenté entre des animaux classés dans des espèces, dans des genres, dans des familles, dans des ordres..... différents.

FIN.

TABLE

TABLE

Tours. — Impr. Mame.

www.ingramcontent.com/pod-product-compliance
Lightning Source LLC
Chambersburg PA
CBHW060140200326
41518CB00008B/1094